공정의 햇살과
공감의 물,
  가르침의 양분을 주세요

          윤 지 영 드림

오뚝이 육아

오뚝이 육아

넘어져도
다시 일어서는 아이

자존감과 회복탄력성이
높은 아이로 키우는 엄마의 비밀

윤지영
(오뚝이샘)
지음

카시오페아
Cassiopeia

아이와의 갈등 해결과
감정 소통이 힘든 엄마들에게

저는 두 아이의 엄마입니다. 올해 중학생이 된 딸과 초등학교 3학년인 아들을 키우고 있는데요. 저는 늘 아이들이 빨리 자라기를 바랐습니다. 육아가 참 어려웠거든요. 학교에서 아이들 가르치는 일보다 집에서 아이들 키우는 일이 훨씬 힘들었습니다.

아이를 키울 때 가장 힘든 일은 감정적으로 부딪히는 일이었습니다. 음식 만드는 것보다 음식을 먹지 않는 아이와 실랑이 벌이는 일이 더 힘들었고, 공부 가르치는 것보다 공부하기 싫어하는 아이를 설득하고 다독이는 일이 더 힘들었어요. 하루에 달랑 학습지 한장 풀면서도 많다고 투덜거리거나 종일 놀았으면서도 많이 못 놀았다고 집에 안 간다고 할 때처럼, 제 상식으로는 도저히 이해가 되지 않는 상황에서 어떻게 해야 할지 참 난감했습니다.

저는 인간관계에서 될 수 있으면 갈등을 만들지 않으려 노력하며 살아왔거든요. 가족과도 그렇고 학창 시절 친구들과도, 직장에서 동료들과의 관계에서도 웬만하면 안 부딪히려고 했어요. 감정적 불편함이 생겼을 때 그걸 해결하기 위해 대화와 소통을 시도하기보다는 마음에 안 드는 게 있어도 좀처럼 내색하지 않고 대부분 참고 넘어가는 편이었죠. 제 감정을 솔직하게 드러내 본 경험이 많지 않아요. 힘들다는 투정이나 도와달라는 부탁도 거의 안 하고 살았어요. 내 마음을 살피지 못한 채 주어진 책임과 역할을 잘 해내는 것으로 대립과 마찰을 피하면서 살았던 것 같아요. 갈등 해결을 위한 감정 소모가 너무 크니까요. 대인 관계에 있어 갈등을 피하는 것이 저를 보호하는 하나의 방법이었던 셈이지요.

상대방과 일정한 거리를 두고 충돌을 피하는 대처법은 사회생활에서는 유리한 면이 있었지만, 엄마가 되어 아이와의 관계를 형성하는 데는 걸림돌이 될 때가 많았어요. 아이는 어른처럼 갈등을 예상해 이를 방지하거나 적당히 피하지 않잖아요. 아이에게는 다툼 없이 평화롭게 지내는 것보다 자신의 욕구가 우선이니까요. 큰아이의 경우 뭐든 편안하게 받아들이는 순한 기질이라 육아가 비교적 수월했지만, 둘째와는 소모적인 말다툼이 잦았습니다. 둘째가 까다로운 기질에 무척 예민한 편이거든요.

둘째는 무언가 자신이 원하는 대로 되지 않을 때 아쉬움을 크게 느끼고, 그와 관련된 부정적인 감정을 다루는 걸 어려워합니다. 지금 못 먹어서 아쉽지만 내일 먹으면 되니까 괜찮다고 마음을 돌려야 하는데 그걸 잘 못 했어요. 감정 전환이 자연스럽게 되지 않으니 불편한 감정에 붙들려 있고 그걸 가까운 사람, 특히 엄마한테 쏟는 날이 많았습니다. "먹고 싶은 건 알겠어."라는 공감과 "지금은 없으니 이따 먹어."라는 설명이 좀처럼 먹히지 않았어요. 대화가 안 통했고, 원하는 걸 들어줄 때까지 고집을 피우며 억지를 부리는 일도 잦았죠. 그럴 때마다 저는 '또 시작이구나.', '이건 몇 시간짜리 투정일까?' 하는 생각에 불안했습니다.

> 🧒 "식빵에 잼 발라 먹을래요."
> 👩 "그래. 근데 식빵이 지금 없네? 밥 있어. 오늘 아침은 밥 먹고 가. 식빵은 이따 사 놓을게."
> 🧒 "나는 지금 먹고 싶은데…… 왜 식빵이 없는 거예요?"
> 👩 "먹고 싶은 건 알겠어. 근데 없는 걸 어떻게 해? 엄마가 사 놓겠다고 하잖아. 학교 다녀와서 먹어."
> 🧒 "그럼 저 잼은 왜 산 거예요?"
> 👩 "왜 또 말을 그렇게 하니?"

불편한 상황을 적당히 피하며 다투지 않고 살아왔기에, 어떻게 감정 조율을 하고 갈등에 대처해야 하는지에 대한 경험과 지식이 저에게는 없었어요. 이런 상황을 마주할 때마다 '이럴 때는 뭐라고 해야 하지?', '어떻게 해야 하지?' 하고 머릿속이 물음표로 가득 찼고 마음속은 답답하기만 했습니다. 감정을 다루는 것에 미숙한 채로 엄마가 됐기 때문에 아이와의 감정싸움을 소통으로 풀어 가며 유대감을 쌓아야 하는 육아가 어려웠던 것이지요.

아이의 불평과 불만, 떼쓰기와 고집부리기로 인한 에너지 소진은 아이를 키우는 엄마라면 누구나 흔히 겪는 일입니다. 아이와의 감정 충돌은 비단 저처럼 갈등을 피하며 살아온 사람뿐만 아니라 모든 엄마에게 어려울 수 있어요.

아이를 먹이고 씻기고 재우는 육아 노동은 아이가 커 가면서 확실히 줄어듭니다. 점차 아이 스스로 할 수 있는 일이 많아지면서 엄마의 몸이 편해져요. 하지만 아이가 많이 자라도 엄마의 마음은 편해지지 않습니다. 아이가 자기 의사를 표현하기 시작하면서 아이와의 감정싸움이 시작되거든요. 아이의 모든 필요와 욕구를 대신 충족시켜 줘야 하는 영아기에는 몸이 힘들고, 자기 의사를 표현하기 시작하는 유아기부터는 몸보다 마음이 힘들어지기 시작합니다. 아이와 감정싸움만 하지 않아도 훨씬 수월하게 육아를 해낼 수 있어요. 그렇다면 어떻게 해야 마음 편히 아이를 키울 수 있을까요? '오뚝이 육아'가 하나의 해답이 될 수 있습니다.

오뚝이 육아란 감정 주고받기를 통해 갈등을 소통으로 풀어 가며, 아이의 자존감과 회복탄력성을 키우는 육아법입니다. 공감과 가르침, 긍정적 상호 작용을 통해 아이가 자신과 세상에 대해 긍정적인 감각을 갖도록 돕는 것이 오뚝이 육아의 핵심입니다.

엄마가 된 지 십 년이 훌쩍 넘은 지금은 두 아이 키우는 게 편하고 재미도 있습니다. 육아가 마냥 쉽다고는 말하지 못하겠지만 이제는 마음 편히 아이를 키우고 있다고 말할 수 있어요. 이전과 달라진 점이 있다면 지금은 아이들과의 감정싸움이 거의 없습니다. 아이들이 전에는 말을 안 듣다가 지금은 잘 들어서일까요? 그렇지 않은 거 같아요. 크면서 손이 덜 가는 부분은 분명히 있지만, 아들은 아들대로, 딸은 딸대로, 초등학생은 초등학생대로, 중학생은 중학생대로, 저마다의 어려움이 있습니다.

아이와의 숱한 감정 충돌 속에서 화내고, 소리 지르고, 혼내고, 뒤돌아 후회하고, 고민하고, 치열하게 성찰하는 시간을 거치고 나니 이제는 그럭저럭 편안히 아이를 키울 수 있게 됐어요. 감정적 어려움을 마주하고 해결해 나가면서 마음의 근육이 생기고 내공이 쌓인 덕분이지요. 지금은 비슷한 상황에서 이렇게 말합니다.

"식빵이 먹고 싶어? 우리 아들이 식빵이 먹고 싶은데 없으니까 엄마도 아쉽구나. 근데 왜 식빵이 없냐고 하니까 엄마 마음이 상한다. 꼭 혼나는 것 같거든. 넌 그저 식빵이 없어서 아쉽다는 건데, 엄마가 꼭 야단맞는 기분이야. 식빵을 못 주니 속상하고. 엄마가 이따 사 놓을 테니까 학교 다녀와서 먹어."

이처럼 감정을 주고받으며 갈등을 해결하는 대화와 소통은 엄마가 되고 나서, 특히 둘째를 키우면서 배웠다고 해도 과언이 아니에요.

돌이켜 보면 아이를 키우면서 제가 가장 많이 성장했어요. 그 과정이 있었기에 지금의 제가 있습니다. 우리 아이들이 엄마를 이만큼 성장시켰으니, 참 고마워요. 어디 저뿐일까요? 부모라면 누구나 아이를 키우며 아이와 함께 성장해요. 육아는 부모가 배우고 자랄 수 있는 두 번째 기회입니다.

저는 처음에는 육아를 잘 해내지 못했어요. 시행착오를 거쳐 조금씩 성장하며 베테랑 엄마가 된 경우입니다. 무언가를 처음부터 능숙하게 해내는 사람은 그렇게 많지 않아요. 살림도 육아도 처음부터 척척 해내는 엄마도 있겠지만, 저처럼 시행착오를 겪으며 조금씩 배워 나가는 엄마가 훨씬 많을 겁니다.

누구나 부모 역할은 처음이기에 아이 키우는 부모에게 육아는 크고 작은 난관의 연속입니다. 아이 키우며 마주하는 고비와 시련을 막을 수는 없습니다. 하지만 그것에 대응하는 방식과 태도는 바꿀 수 있습니다. 아이를 고치는 것이 아닌 부모인 내가 변화하고자 하는 마음을 먹는 것, 아이를 향한 부정적인 생각과 걱정을 긍정적인 이해와 믿음으로 돌리는 것이지요.

행복한 삶을 살아가기 위한 든든한 심리적 자본인 자존감과 회복탄력성은 선천적으로 주어지는 것이 아니라 후천적으로 발달하는 것입니다. 긍정적으로 대화하며 따뜻한 공감과 명확한 가르침을 주는 부모가 있다면, 아이는 분명 넘어져도 다시 일어서는 오뚝이 같은 아이로 자라날 것입니다.

오뚝이 육아, 부모의 공감과 가르침이 중요합니다

2부

3부 오똑이 육아, 실생활에서 이렇게 적용합니다

1부

오뚝이
육아를
소개합니다

1장

오뚝이 육아,
무엇이 다를까요?

마음이 건강한 아이로 키우는
오뚝이 육아

　자녀를 키우는 방식은 제각각입니다. 아이의 기질과 부모의 가치관에 따라 다르지요. 아이가 다르고 부모가 다르기에 육아의 방식에는 정답이 없습니다. 육아의 방식은 다양하지만, 육아의 목표는 하나입니다. 바로 '자립'입니다. 아이가 독립적이고 주체적인 성인으로 살 수 있도록 도와주는 것이지요. 아이가 처음부터 혼자 살 수 없고 독립적으로 사는 법을 스스로 터득할 수 없으니 부모가 곁에서 보호하고 보살피고 가르쳐 주는 것이 바로 육아입니다.

부모의 세 가지 지원

아이의 자립을 위한 부모의 지원은 크게 세 가지로 나누어 볼 수 있습니다.

아이의 자립을 위한 부모의 세 가지 지원

부모의 지원	부모의 역할	자원	아이의 성장	목표
돌봄 지원	의식주 해결, 위험으로부터 보호	경제적 자본	신체발달	신체적 자립
교육 지원	소질과 적성을 계발, 학교와 학원에 보내는 것	지적 자본	인지발달	경제적 자립
정서 지원	공감해 주고 마음을 안전하게 표현하게 하는 것	심리적 자본	정서발달	심리적 자립

첫째, 돌봄 지원입니다. 아이를 위험으로부터 지키고, 먹이고 입히고 재우는 모든 일을 말합니다. 의식주 해결이지요. 돌봄은 아이의 키와 몸무게 등을 자라게 하는 신체 발달과 관련됩니다.

둘째, 교육 지원입니다. 아이를 가르치고 공부시키며 소질과 적성과 능력을 계발시켜 주는 일입니다. 아이를 학교에 보내고 학원에 보내는 것, 엄마표 학습 모두가 교육 지원이라고 할 수 있어요.

아이의 지적 성장 및 인지 발달과 관련되죠.

셋째, 정서 지원입니다. 아이의 마음을 읽어 주고, 안전하게 표현할 기회를 주면서 공감하고 교감하는 것이지요. 정서 지원은 아이의 정서 발달과 관련됩니다. 돌봄과 교육 지원을 위해 부모의 경제적 자본과 지적 자본이 필요하다면 정서 지원을 위해서는 부모의 심리적 자본이 요구됩니다.

아이를 위한 부모의 세 가지 지원 역시 목표는 단 하나입니다. 바로 아이의 '자립'이지요. 돌봄 지원은 신체적 자립, 교육 지원은 경제적 자립, 정서 지원은 심리적 자립을 목표로 합니다.

✳
정서 지원에 소홀한 두 가지 이유

아이를 돌보지 않고 가르치지 않는 부모는 아마 없을 겁니다. 신체 발달과 인지 발달은 부모의 주요 관심사이지요. 그런데 정서 발달이나 정서 지원에 대한 관심은 상대적으로 떨어지는 경우가 많습니다. 왜 그럴까요?

첫째, 결핍이 잘 드러나지 않기 때문입니다. 신체 발달의 경우 아이가 또래 사이에서 놀고 있는 것만 봐도 '우리 애가 많이 작네.', '얘가 체구가 작은 편이구나.' 하고 결핍을 쉽게 알아차릴 수 있어요.

'먹는 것에 더 신경 써야겠다.', '일찍 자고 일찍 일어나게 해야겠다.' 등 아이의 결핍을 채우기 위한 해결책을 찾기도 쉽지요. 인지 발달도 마찬가지입니다. 학교나 학원에서 오는 피드백을 통해 아이가 정규 교육 과정을 잘 따라가고 있는지, 어떤 노력과 도움이 필요한지 알 수 있어요. 이처럼 신체적 결핍이나 인지적 결핍은 옆에서 쉽게 관찰할 수 있는 데 반해 정서적 결핍은 좀처럼 표가 나지 않습니다. 부모는 그저 아이가 잘 자라고 있는 것으로 여기고 관심을 쏟지 않죠. 내 아이의 정서 발달이 잘 이루어지고 있는지 알 수 없으므로 정서 지원에 소홀해질 수 있습니다.

둘째, 부모가 갖고 있지 않기 때문입니다. 우리는 무언가를 갖고 있어야 무언가를 줄 수 있습니다. 심리적 자본도 마찬가지입니다. 자신의 부모로부터 이해받고 마음을 안전하게 표현하는 경험을 충분히 갖지 못한 채 부모가 됐다면, 아이의 정서 발달을 도울 필요성을 잘 느끼지 못하고 그 방법도 잘 모를 수 있습니다.

부모가 정서 지원에 소홀하다 하더라도 온전한 돌봄과 교육 지원을 해 주고 있다면 겉보기에는 아이가 좋은 양육 환경에서 자라고 있는 것처럼 보입니다. 그러나 부모가 아이의 마음에 관심을 주지 않으면 아이는 가정에서 냉대와 고립감, 무관심을 경험합니다. 겉보기에 나무랄 데 없는 환경에서 자라더라도 부모로부터 공감과 이해를 경험하지 못한 아이는 정서적 빈곤함을 느낄 수밖에 없습니다. 부모가 의식하지 못하는 사이에 아이를 아프게 할 수 있고, 외롭게 할 수 있습니다.

＊

대체 불가능한 부모의 역할

정서 지원은 매우 중요합니다. 대체 불가능한 부모의 역할이기 때문입니다. 돌봄 지원은 외주화가 가능합니다. 돈을 주고 베이비시터나 가사도우미를 고용해서 역할을 맡길 수 있어요. 교육 지원 역시 대체 가능합니다. 공부는 학교에서도 하고 학원에서도 하니까요. 수학이면 수학, 영어면 영어, 각 분야의 전문가에게 맡길 수 있죠.

하지만 정서 지원은 외주화가 불가능합니다. 부모를 대신해 아이의 식사를 챙기고 공부를 봐주는 사람은 구할 수 있지만, 아이의 생각과 마음을 있는 그대로 공감해 주고 이해해 주며, 안전하게 표현하도록 장려하고 도와주는 사람은 구할 수 없어요. 아이의 심리적 자립을 위한 정서 지원은 오직 부모만이 할 수 있는 대체 불가능한 역할입니다.

돌봄이나 교육은 각 분야의 전문가가 있고, 이들 전문가가 부모보다 그 역할을 더 잘 해낼 수도 있습니다. 살림은 살림 전문가가, 교육은 교육 전문가가 부모보다 훨씬 나을 수 있죠. 그러나 내 아이의 마음과 감정을 돌보고 가르쳐 줄, 부모 이상의 전문가는 없습니다.

돌봄 지원도 교육 지원도 돈으로 할 수 있지만, 정서 지원만은 돈으로 할 수 없습니다. 돌봄 지원이나 교육 지원은 부모의 소득이나 경제력에 영향을 받지만, 정서 지원은 그렇지 않아요. 바꿔 말하면 어떤 부모라도 경제적 제약 없이 해 줄 수 있는 것, 그게 바로 마음을 키우는 부모 역할입니다.

성장 환경에서 충분한 공감과 이해, 긍정적 지지와 같은 정서적 지원을 해 주는 대상이 있었다면 부모가 되었을 때 자연스럽고 당연하게 정서적 지원을 해 줄 수 있어요. 내 아이의 마음을 건강하고 단단하게 키워 내는 역할을 해낼 수 있는 것이지요. 반면 어린 시절 나에게 귀 기울이고 내 마음을 궁금해한 사람이 없었다면, 부모가 되어서 어릴 때 경험한 패턴을 그대로 반복하기 쉬워요. 정서적으로 빈곤한 유년 시절을 보냈다면, 아이의 마음을 키우고 건강한 관계를 맺는 것, 모두 쉽지 않습니다. 자신의 부모로부터 받은 돌봄, 교육, 정서 지원의 수준이 자녀 양육의 기본값이 되기 때문이죠.

그러나 정서 발달은 후천적입니다. 자존감도 회복탄력성도 모두 후천적으로 획득할 수 있는 마음의 근력입니다. 오뚝이 육아는 부모의 정서 지원을 통해 아이의 자존감과 회복탄력성을 키우는 육아법입니다. 심리적 자본이 부족한 채 부모가 됐다 하더라도 오뚝이 육아를 배워서 아이와 긍정적으로 대화하고 소통해 나간다면, 누구나 아이의 마음을 건강하게 키워 내는 부모가 될 수 있습니다.

아이의 자존감과 회복탄력성을 키우기에 늦은 때란 없습니다. 사춘기 아이와 관계가 뒤틀려 있는 상태, 마음의 문이 닫혀 대화가 없는 상황이라도 부모가 아이의 마음에 관심을 가진다면 아이의 정서는 안정되고 마음이 건강하게 자랄 수 있어요. 회복과 성장을 위한 가장 좋은 때는 바로 지금입니다.

오뚝이 육아의 핵심은
부모와 아이의 긍정적 상호 작용

넘어져도 다시 일어서는 오뚝이는 자존감과 회복탄력성을 상징적으로 보여 줍니다. 자존감, 회복탄력성 둘 다 마음 건강을 나타내는 심리학 용어인데요, 비슷한 점도 있고 다른 점도 있어요. 자존감과 회복탄력성이란 무엇인지, 그 개념에 대해 먼저 이야기해 보겠습니다.

✳

자존감

자존감은 자신의 가치와 능력에 대한 주관적인 평가입니다. 자기 존재에 대한 믿음인 '자기가치감'과 자기 능력에 대한 신념인 '자기효능감'이 자존감을 구성합니다. 자기 힘으로 무언가를 성취해 낸 경험과 존재 자체로 인정받고 사랑받은 경험이 풍부할수록 건강한 자존감이 만들어집니다. 자존감이 높을수록 자신에 대한 평가가 긍정적이에요. '나는 소중해', '나는 뭐든 할 수 있어' 하고 자신의 존재를 긍정하며 스스로 유능하다고 여깁니다. 외부의 평가나 판단에도 크게 흔들림 없이 자신에 대해 긍정적인 시각을 유지하죠. 반면 자존감이 낮을수록 자신을 무능하고 하찮게 여깁니다. '내가 문제야', '나는 잘하는 게 없어', '내가 그렇지 뭐' 쉽게 자책하고 자학합니다. 자기 평가가 부정적이죠. 자기 자신에 대한 확신이 없어서 남이 나를 어떻게 바라보는지에 따라 쉽게 자존감이 흔들립니다.

✳ 회복탄력성

회복탄력성은 역경과 시련을 이겨 내고 오뚝이처럼 다시 일어서는 내면의 힘을 말합니다. 어려움을 긍정적으로 해석하여 결국 극복해 내는 상처 회복력이죠. 스트레스에 대항하는 마음의 면역력입니다. 회복탄력성이 높을수록 실수나 실패에서 긍정적인 의미를 찾고, 실패를 잘 다루며 잘 이겨 냅니다.

회복탄력성이 역경을 이겨 내는 내면의 힘이라면, 자존감은 역경을 이겨 낸 자신에 대한 긍정적인 평가예요. 이 둘은 서로 밀접한 영향을 주고받는 관계에 있습니다. 자존감이 높은 아이는 회복탄력성도 높아요. 어려움이 닥쳤을 때 자신을 향한 긍정적인 믿음으로 난관을 헤쳐 나가니까요. 또 회복탄력성이 높은 아이는 자존감이 높습니다. 어려움을 잘 이겨 낸 자신을 좋아하고 신뢰할 수 있기 때문입니다.

✳

넘어져도 일어서는 힘의 근원, 긍정성

부모라면 누구나 아이를 마음이 단단하고 자존감 높은 아이, 넘어져도 오뚝이처럼 일어서는 회복탄력성 높은 아이로 키우고 싶을 것입니다. 그렇다면 어떻게 해야 할까요?

바닥에 떨어뜨렸을 때 다시 튀어 오르는 공을 떠올려 보세요. 공이 공기로 빵빵하게 채워져 있어야 바닥에서 튀어 오를 수 있습니다. 아이가 공이라면 긍정적 정서는 공을 빵빵하게 채우고 있는 공기와 같습니다. 긍정적인 정서를 공급받지 못한 아이는 바람 빠진 공처럼 힘이 없어요. 튀어 오르지 못한 채 바닥에 주저앉고 말죠. 관심과 이해, 지지와 사랑을 못 받은 아이는 마치 바람 빠진 공처럼 생기가 없고, 기를 펴지 못해 시들시들합니다. 공기로 빵빵하게 채워진 공은 어떨까요? 탱글탱글 생기가 있고, 던지면 바닥에 닿기가 무섭게 '팡' 하고 튀어 오릅니다. 공기로 빵빵하게 채워진 공일수록 본래 위치보다 더 높이 올라가요. 이처럼 아이의 내면이 긍정적인 정서로 가득 채워졌을 때 아이는 오뚝이처럼 일어설 수 있습니다.

넘어져도 다시 일어서는 힘의 근원은 '긍정성'입니다. 자존감과 회복탄력성을 키우기 위해서는 아이에게 긍정적인 정서를 심어 주어야 해요. 공은 자기 스스로 내부에 공기를 넣지 못합니다. 외부에서 주입해 주어야 하죠. 심리적 성장의 핵심 원동력인 긍정적인 정서는 아이 혼자 힘으로 만들어 낼 수 없어요. 도움이 필요합니다. 아이가 자신을 긍정적으로 받아들이고 귀하게 여기기 위해서는 자신에게 긍정적인 공감과 관심을 주는 사람이 꼭 필요해요.

아이의 심리적 성장은 어린 시절 부모와의 상호 작용으로부터 영향을 받습니다. 아이의 정서적 성장에 결정적인 영향을 미치는 사람은 바로 부모입니다. 부모에게 골칫덩어리, 문제아, 짐짝 취급을 받으며 자란 아이가 자신을 긍정적으로 바라보기란 어려운 일이에요. 부모로부터 무조건적인 사랑과 인정과 이해를 충분히 받으며 소중한 존재로 대접받을 때 아이는 자신을 존중하고 긍정할 수 있습니다. 아이에게 긍정적인 정서만 지속적으로 공급해 줘도 오뚝이 육아의 절반은 성공입니다.

아이에게 긍정적인 정서를 충분히 전해 주고 있나요? 부모로서 아이와 긍정적으로 상호 작용하고 있는지 떠올려 보면 선뜻 대답이 나오지 않죠. 그럴 때는 내가 아이에게 어떤 말을 하는지 떠올려 보면 됩니다. 아이와의 상호 작용은 일상 속 대화를 통해 가장 선명하게 드러나거든요.

✳

아이와의 부정적인 상호 작용

[초1] 잘못을 저지르고도 입을 다물고 있는 상황

🙂 "네가 뭘 잘못했는지 말해 봐. 또 그럴 거야? '다시는 안 그럴게요.' 해." (냉소적 명령)

[초2] 숙제가 힘들다고 투정을 부리는 상황

🙂 "겨우 한 장 해 놓고 힘들대. 힘들긴 뭐가 힘들어?" (감정 축소)
"노는 건 종일 해도 안 힘들고, 공부만 하면 힘들지?" (비난)
"너만 힘든 거 아니야. 아프리카 친구들은 얼마나 힘들게 사는데, 넌 행복한 거야." (비교)

> 🙂 "몇 살인데 필통을 통째로 잃어버려? 정신을 얻다가 두고 다녀!"
> **(죄책감 유발)**
>
> "사 달라면 다 사 주니까 뭐든 소중한 줄을 모르지." **(부정적 증폭)**

아이를 정말 아끼고 사랑하지만, 막상 위와 같은 상황이 닥치면 냉소적이고 부정적인 말이 먼저 나가곤 합니다. 잘못하고 실수한 상황에서 부모로부터 이러한 비난과 냉대를 지속적으로 받게 되면 아이는 바람 빠진 공처럼 마음이 쪼그라들어요. 맥이 빠지고 어깨도 축 처지죠. 긍정적인 관계 형성이 되지 않고, 정서적인 안정감을 느끼기 어려워요. '내가 문제야.', '나는 왜 모양일까?' 하고 자신을 부정적으로 바라보게 됩니다. 자존감도 회복탄력성도 낮아지죠.

✳

아이와의 긍정적인 상호 작용

[초1] 잘못을 저지르고도 입을 다물고 있는 상황

> 🙂 "잘못한 거 알면 엄마 손 잡아 줘. 앞으로 안 그런다고 엄마랑 손가

락 걸고 약속해." (다정한 약속)

[초2] 숙제가 힘들다고 투정을 부리는 상황

👧 "힘들어 보이네. 그래, 힘들 수 있지." (공감)

"어떤 부분이 힘들어? 양이 많아서 벅차다는 거야, 아니면 지금 푸는 문제가 어렵다는 거야?" (분별)

"정 힘들면 조금씩 나눠서 해도 좋아. 이제 한 장만 더 하면 끝인데, 힘내서 해 볼까? 아니면 잠깐 쉬었다 할래?" (조율)

[초3] 필통을 잃어버린 상황

👧 "너도 속상할 거야. 필통이 없으니 당황했을 거고." (공감)

"이미 잃어버린 건 어쩔 수 없고, 실수로 그런 것이니 괜찮아." (위로)

"그렇지만 잃어버리고도 찾으려는 노력을 안 한 건 잘못이야. 영어실이랑 과학실에 가 보고, 학교 분실물 센터에도 가 보는 노력은 해야 해." (가르침)

똑같은 상황에서도 이처럼 아이와 긍정적인 상호 작용을 할 수 있습니다. 부모로부터 위로와 격려, 이해와 공감을 받은 아이는 힘을 얻습니다. 어깨가 쫙 펴지고 걸음걸이도 씩씩해요. 자신이 실수

한 상황에서도 주눅 들거나 자책하지 않고 잘해 볼 방법을 모색하고 의욕을 다지죠. 공기가 꽉 찬 공처럼 단단합니다.

부모로부터 이러한 공감과 이해, 위로의 말을 계속해서 들은 아이에게는 어떤 기적이 일어날까요? 아이는 어려움을 만날 때마다 부모가 들려준 공감과 지지, 격려의 말을 꺼내어 자신에게 들려주게 됩니다. '괜찮아', '방법이 있을 거야.' 등 인생의 크고 작은 난관을 마주할 때마다 긍정적인 목소리가 재생되다 보니 이겨 낼 힘이 생겨요. 아이의 회복탄력성이 높아지는 것이지요.

역경과 실패에도 굴하지 않고 꿋꿋하게 다시 일어설 수 있는 비결은 부모로부터 받은 긍정적인 메시지에 있습니다. 긍정적인 목소리를 내면에 장착한 아이는 자아상도 긍정적입니다. 외부로부터의 평가나 부정적인 반응에도 크게 상처받지 않아요. 자존감이 높아집니다. 부모와의 긍정적인 상호 작용을 통해 아이의 마음에 건강한 심리적 구조가 생기는 것입니다.

아이의 자존감과 회복탄력성을 키우는 오뚝이 육아의 핵심은 '긍정성'입니다. 긍정적인 정서 경험, 긍정적인 에너지가 가득할 때 아이는 부정적인 상황을 만나도 툭툭 털어 낼 수 있습니다.

부모가 아이의 내면에 긍정성을 채워 넣어 줘야 합니다. 그래야 실패해도 다시 도전할 용기를 낼 수 있어요.

'내가 아이를 어떤 시각으로 바라보고 있나?'

'내가 아이에게 어떤 말을 하고 있나?'

'내가 하는 말이 아이에게 어떤 메시지를 주고 있나?'

'어떤'이라는 물음에 '긍정적인' 형용사를 떠올릴 수 있어야 합니다. 긍정적인 시각과 긍정적인 말, 긍정적인 메시지를 주는 부모가 있을 때 아이는 낯선 세상에 대한 두려움을 떨치고 한 걸음씩 성장해 나갈 것입니다.

2장

먼저 어떤 지점에서
넘어지는지
알아야 합니다

부모 자신의
취약성 알기

부모는 자신이 가지고 있는 것을 아이에게 줄 수 있습니다. 사랑해서 뭐든 주고 싶다 하더라도 내게 없으면 못 줘요. 회복탄력성도 마찬가지입니다. 넘어져도 오뚝이처럼 다시 일어서는 회복탄력성 높은 아이로 키우고 싶다면, 부모인 나부터 회복탄력성을 길러야 합니다. 부모가 역경과 난관을 극복해 낼 때 아이도 부모를 보고 인생의 고난과 고통을 어떻게 견디고 이겨 내는지 배울 수 있어요.

그러면 어떻게 해야 부모 자신의 회복탄력성을 높일 수 있을까요? 넘어져도 오뚝이처럼 일어서는 부모가 되기 위해서는 먼저 내가 언제 어떤 상황에서 넘어지는지 그 지점을 알아야 합니다. 내가 어떤 상황에서 마음이 무너지는지, 어떤 감정에 자주 휘둘리는지,

내가 잘 견디는 감정은 무엇인지, 어떤 상황에서 마음이 편안해지는지 생각해 보는 것이지요. 부모인 나의 취약성과 결핍, 그로 인한 잘못된 사고 패턴을 알고 그것을 잘 다뤄 나가야 합니다. 나의 취약성을 알 때 그것에 머물지 않고 앞으로 나아갈 수 있습니다.

사람마다 취약한 부분은 제각각 다를 텐데요. 내가 무엇에 취약한지를 안다는 건 쉽지 않은 일입니다. 많은 사람이 평생토록 자신을 제대로 알지 못하고 살아요. 내 취약성을 들여다보고, 있는 그대로의 나를 솔직하게 인정하고 직면한다는 것은 생각보다 어렵습니다. 제 사례를 들어 취약성에 대해 이야기해 보겠습니다.

✳
개인의 취약성이 삶에 미치는 영향

제가 3년 전에 유튜브를 시작했는데요. 해 본 지 몇 달 안 돼서 그냥 접었답니다. 영상은 텍스트와 달리 편집이 쉽지 않고 품이 많이 들어갔거든요. 기획도 편집도 둘 다 어려웠어요. 컴퓨터 활용 능력이 좋지 않은 편이라, 컷 편집부터 자막 넣는 것까지 하나하나 배우면서 운영하다가 한계에 봉착했고, 결국 접었습니다.

그렇게 접었던 유튜브 채널 운영을 최근 재개했는데요. 그러면서 제가 3년 전에 유튜브를 그만둔 이유가 편집의 어려움 때문이 아니었다는 사실을 알게 되었습니다. 영상 기획과 편집이 여전히 힘들긴 했지만, 진짜 어려움은 항상 영상 업로드 이후에 찾아왔어요. 애써 편집한 영상의 조회 수가 낮은 것, 이게 힘들었어요. 진짜 어려움은 편집이 아니라 내 시간과 노력을 쏟은 것이 성과가 나지 않는 걸 견디는 일이었죠. 그러니까 제가 유튜브를 계속하지 못했던 건, 편집의 어려움 때문이 아니라 제 성격적 취약성 때문이었던 겁니다.

저는 성취 지향적이고 완벽주의적인 편입니다. 지금은 많이 나아졌는데, 3년 전만 해도 제 완벽주의는 병리적이라고 할 정도여서 편집이든 뭐든 대충이 안 됐어요. 게다가 성취 지향적이라 애써 만든 영상에 반응이 없는 것이 유독 힘들었고요. 거기에 '싫어요'까지 달리기라도 할 때면 더욱 낙심했죠. 완벽하지 않은 것과 성과가 나오지 않는 것을 받아들이는 데 제가 무척 취약했던 것입니다.

3년 만에 재개한 유튜브는 여전히 조회 수가 잘 나오지 않습니다. 하지만 전처럼 실망하거나 낙담하지 않아요. 제 취약성을 다루는 연습의 기회로 삼고 있거든요. 잘하려고 마음먹으니 할 수 없었던 일도 성장의 기회로 삼고자 마음먹으니 할 수 있게 되었습니다.

노력한 만큼 성과를 내는 일도 있지만, 그렇지 않은 일도 있어요. 말 그대로 삽질할 수도 있고, 내가 왜 이걸 했을까 싶은 일도 있죠. 하지만 결과를 떠나 과정이 의미가 있는 일도 많아요. 저는 유튜브 채널 운영을 통해 이러한 것들을 배워 가고 있습니다. 마음을 비우고 조회 수에 연연하지 않게 되었다고는 못하겠지만, 적어도 조회 수 때문에 그만둘 일은 이제 없어요. 조회 수를 떠나 계속할 수 있는 마음을 먹게 됐습니다. 모두 제 취약성을 알게 된 덕분이지요.

※
사람마다 취약성은 제각각이다

사람은 연약한 존재입니다. 강해 보이는 사람도 좀처럼 못 견디고 부서지는 약한 부분을 가지고 있습니다. 상처받지 않는 사람은 없어요.

부모도 아이도 모두 취약성을 갖고 있어요. 하지만 내 아이가 뭘 좋아하고 뭘 싫어하는지, 뭘 잘하고 뭘 못하는지는 비교적 정확하게 아는 반면, 부모 자신의 취약성에 대해서는 모르고 지내는 경우가 꽤 많습니다. 내가 무엇을 중요시하는지, 내가 절대 포기하지 않는 삶의 중요한 가치는 무엇인지, 또 그것을 왜 중요시하는지 자신의 서사를 평생 모르고 살 수도 있어요.

내가 나에 대해 모른다고 해도 먹고 사는 데 큰 지장을 주지는 않습니다. 그러나 자기 이해가 관계에 미치는 영향과 타격은 분명합니다. 자기 이해가 부족하면 관계 맺기가 어려워져요.

자기 이해는 먼저 나와의 관계에 영향을 줍니다. 내가 나를 모르면, 나에 대해 오해하며 살 수도 있습니다. 마치 제가 조회 수가 안 나오는 걸 견디기 힘들어 유튜브 채널 운영을 그만둔 걸 편집이 어렵기 때문이라고 여긴 것처럼요. 그럴듯한 이유를 내세워 정당화한 자기 합리화지요. 이러한 행동은 당장의 편안함과 심리적 안정을 줄 수 있을지는 몰라도 자신이 성장하는 데는 방해 요소가 됩니다.

우리는 생각보다 자기 자신을 객관적으로 바라보지 못합니다. 자신을 보호하기 위해 여러 가지 방어 기제를 써요. 자신도 모르게 형성되어 굳어진 자기 보호의 패턴과 취약성을 알아야 합니다. 이를 자각하고 똑바로 마주하면 변화할 수 있습니다. 제가 성과가 나오지 않는 일도 포기하지 않고 계속해 보려는 마음을 먹은 것처럼, 내가 나를 객관적으로 바라보게 되면 행동의 변화가 올 수 있습니다.

아이가 뭘 좋아하고 싫어하는지, 어떤 상황을 편안해하고 어떤 상황에서 긴장하는지에 대해 알면 아이와 잘 지내기 쉬워집니다. 좋아하는 걸 해 주고 싫어하는 건 가급적 피하며, 아이가 긴장하는 이유를 알고 편안하게 만들어 줄 수 있으니까요. 마찬가지로 나에 대한 정보, 나에 대해 아는 게 많아질수록 나와 잘 지낼 수 있습니다. '아, 내가 이런 면이 있구나.' 하고 내가 나를 이해하면 '내가 그래서 이렇게 행동하는구나.' 하고 나를 수용할 수 있어요. 좀 더 편안하게 나를 대하면서 각각의 상황에 대처할 좀 더 나은 방식을 찾아갈 수 있습니다. 내가 나를 잘 알아야 내가 나를 잘 돌보면서 나와 잘 지낼 수 있습니다.

✳

부모인 나의 취약성 살펴보기

우리는 평생을 나와 살아야 합니다. 아이와 함께 사는 것도 대개 20년이에요. 아이를 이해하고 아이를 잘 키우고 아이와 잘 지내려고 애쓰는 것처럼, 평생 데리고 살아야 하는 나를 알고 나와 잘 지내려는 노력도 해야 해요.

나와 좋은 관계를 맺는 것이 아이와 좋은 관계를 맺는 첫걸음입니다. 좋은 부모가 되기 위해서는 부모인 내 정서적 취약성을 알고, 들여다보고, 성찰해 나가는 일이 꼭 필요합니다.

부모가 아무리 애쓴다 해도 아이를 변화시키기란 어려운 일입니다. 내 힘으로 바꿀 수 있는 건 나밖에 없어요. 변화는 나에게서 시작해야 합니다. 내가 나에 대해 알고 나를 객관적으로 바라보게 되면, 어려운 상황을 취약성 극복의 과정과 성장의 기회로 삼을 수 있습니다.

아이의
취약성 알기

아이가 무언가 해 보고 싶은 걸 말했는데 부모는 안 된다고 합니다. 이때 두말없이 부모의 뜻에 따르는 아이가 있는가 하면, 자신이 하고 싶은 걸 끝까지 관철하는 아이도 있습니다.

> "엄마, 학교 끝나고 친구들이랑 편의점 가도 돼요? 편의점 가서 아이스크림 사 먹고 싶어요."
>
> "편의점 가려면 길 건너가야 하잖아. 너희들끼리 가는 건 위험해. 안 돼. 집에 아이스크림 있잖아. 그거 먹어."

고분고분함은 온화한 성품의 영향도 있지만, 아이의 취약성 때문일 수도 있어요. 거절당하는 걸 유독 힘들어하는 아이는 한 번 안 된다고 하면 두 번 다시 묻지 않죠. 또 거절당할까 봐 단념합니다. 거절의 상처보다 욕구의 좌절이 견딜 만하니 체념하는 것이지요.

반면 부모의 거절에도 고집을 피워 기어이 원하는 바를 얻어 내는 아이도 있습니다. 거절에도 개의치 않아요. 부모가 안 된다고 해도 두 번 세 번 집요하게 요구해서 원하는 바를 쟁취합니다. 부모로서는 키우기 어렵지만, 거절을 잘 이겨 내는 아이죠.

넘어져도 다시 일어서는 오뚝이 같은 아이로 키우기 위해서는 아이가 어떤 상황에서 유독 잘 넘어지는지를 알아야 합니다. 아이의 취약성을 부모가 알아차려서 아이에 따라 양육 방식과 대화 패턴을 달리해야 해요.

거절에 취약한 아이라면 단칼에 자르지 않고 아이의 마음을 읽어 주고 속내를 묻는 대화를 시도하는 게 바람직합니다. 숨겨진 욕구를 궁금해하는 거죠. 아이가 용기 내어 어렵게 자신의 욕구를 표현한 것일 수 있으니까요. 단칼에 자르면 아이가 원하는 게 있어도 미리 포기할 수 있어요. 쉽게 체념하며 자신의 욕구를 좌절시키는 태도는 바람직하지 않습니다. 아이도 거절을 이겨 내고 원하는 것과 필요로 하는 걸 말로 표현하는 법을 배워야 해요. 아이의 이러한 취약성을 이해하면 이를 감안하여 좀 더 섬세하게 말할 수 있어요.

> 👧 "편의점에 가 보고 싶어?" (욕구 인정)
> "네가 괜히 가 보고 싶다고 하지는 않을 거 같은데, 네가 원하는 데는 그럴 만한 이유가 있을 거야." (긍정적 이해)
> "뭐 사 먹고 싶은 게 있어서 그래? 아니면 친구들이 가니까 너도 가 보고 싶은 거야? 엄마가 궁금하네." (질문)

반면 거절에 취약하지 않은 아이라면 사소한 것까지 섬세하게 읽어 주는 노력은 덜 기울여도 되겠죠. 이런 아이는 진짜 자신이 원하는 거라면 부모가 안 된다고 해도 포기하지 않을 테니까요. 공감해 주고 욕구를 이해해 주되 마냥 수용하며 허락하기보다는 적절한 욕구의 좌절을 경험하게 하는 것도 필요합니다. 매번 욕구대로 할 수는 없다는 사실을 아는 것은 아이가 욕구에 대한 균형 감각을 키우는 데 도움이 되니까요.

"편의점에 가 보고 싶어?" (욕구 인정)

"근데 편의점 가려면 길을 건너가야 하니까 불안하다. 네가 밥을 잘 안 먹는데 과자까지 먹으면 더 안 먹을까 봐 신경도 쓰이고." (부모 입장 설명)

"저녁 먹고 엄마랑 마트에 가는 건 어떠니?" (대안 제시)

아이마다 취약성은 제각각이에요. 자기중심적이라 양보가 어려운 아이가 있는가 하면 지나치게 타인지향적이라 시키지 않아도 양보하는 아이도 있어요.

자기만 아는 아이라면 양보를 가르쳐야 합니다. 더불어 잘 지내기 위해서는 다른 사람의 입장도 생각할 수 있어야 하고, 내 욕구를 뒤로하는 법도 배워야 하니까요. 단, "왜 이렇게 이기적이니?"라고 비난하거나 "얼른 양보해."라고 강요하는 건 바람직하지 않아요. 무턱대고 양보하라고 하지 말고, 양보해야 하는 이유를 설명하며 양보로 얻을 수 있는 유익을 가르쳐 주면 아이도 양보하려는 마음을 먹기 쉬워질 겁니다.

"양보하는 게 쉽지 않겠지만 그래도 해 봐야 해. 세상은 혼자 사는

타인지향적이라 시키지 않아도 양보하는 아이에게는 자신의 욕
구도 소중함을 가르쳐야 합니다. 양보하는 걸 무조건 착하다고 추
켜세우는 건 경계해야 해요. 모두를 배려하는 훌륭한 태도처럼 보
이지만, 그 모두 안에 자기 자신은 빠져 있을 수 있거든요. 아이가
다른 이들을 배려하는 데에만 집중하고 있는지 잘 살펴야 합니다.
남에게 친절한 사람뿐 아니라 자기 자신에게도 친절한 사람이 되어
야 하니까요. 자기 자신에게 친절해지는 법을 터득하고, 자기 자신
을 소중히 여기는 태도가 몸에 배기까지는 연습이 필요해요.

회복탄력성도 아이의 타고난 성향에 따라 다릅니다. 천성이 긍정적인 아이는 이미 회복탄력성이라는 자원을 가지고 있는 셈입니다. 어려움을 만나도 긍정적으로 상황을 보고 잘 이겨 내죠.

또 부모가 조금만 긍정적인 걸 줘도 금세 흡수해서 마음의 근력을 키우는 아이가 있는가 하면, 밑 빠진 독에 물 붓는 것처럼 콸콸 들이부어야 조금씩 채워지는 아이도 있습니다.

긍정성을 타고난 아이는 확실히 긍정적인 상호 작용이 쉽게 이루어집니다. 반면 사소한 일에도 감정적 불편함을 느끼는 예민하고 까다로운 기질의 아이는 아무래도 더 많이 신경 써야 해요. 감정적 돌봄에 부모가 힘을 쏟아부어야 합니다. 아이에 따라 차이가 있죠. 천성이 긍정적인 아이의 회복탄력성을 키우는 게 좀 더 쉽긴 합니다만, 그렇지 않은 아이라 할지라도 성장 환경에서 긍정적인 걸 많이 공급받으면 얼마든지 마음이 단단한 아이로 자랄 수 있습니다.

육아에는 정해진 공식이 없어요. 아이마다 다르게, 아이에 맞게 맞춤형으로 키우는 것이 가장 바람직합니다. 아이는 본인의 취약성을 잘 모릅니다. 부모가 먼저 아이의 심리적 강점과 약점을 알아차리고, 적절한 방식으로 그것을 사용하고 다루도록 도와주어야 해요. 부모 자신의 취약성을 아는 것만큼 아이의 취약성을 아는 것도 중요합니다.

결핍이 있는 부모
감정에 서툰 부모

저는 아이들과 자주 동물원에 갑니다. 애들이 동물을 좋아하거든요. 얼마 전 주말에도 동물원에 다녀왔죠. 아이들이 점심으로 갈비를 먹으러 가자고 했어요. 밥 먹고 나서는 후식으로 아이스 초코를 먹자고 했고요. 집으로 돌아오는 길에는 포켓몬 빵을 사고 싶다고 해서 편의점에 들렀습니다. 하지만 편의점에 포켓몬 빵이 없어서 다른 편의점 몇 군데를 더 돌았죠. 마지막으로 들른 편의점에도 포켓몬 빵이 없었는데 예약을 받더라고요. 그래서 포켓몬 빵을 예약하고 다음 날 찾으러 가기로 했습니다.

아이들과 함께 참 즐거운 하루였다고 말하고 싶지만, 솔직히 하루 종일 순간순간 화가 올라오는 걸 참아 내느라 정말 힘들었어요.

제가 가고 싶은 곳은 동물원이 아니라 조용한 카페였고, 제가 먹고 싶었던 건 갈비가 아니라 초밥이었는데요. 물론 그것 때문에 화가 난 건 아니었어요. 아이들은 카페에 오래 있지 못하고, 초밥을 못 먹는다는 걸 아니까요. 포켓몬 빵을 예약하고 찾으러 가는 게 귀찮아서도 아닙니다. 수고스럽긴 하지만 충분히 할 수 있는 일이에요.

돌이켜 보면 처음부터 화가 난 건 아니었어요. 하지만 아이들의 요구가 동물원, 갈비, 아이스 초코, 포켓몬 빵으로 계속 이어지면서 마음이 불편해지기 시작했죠. 문득 이런 생각이 들었어요.

'너희들, 왜 나한테 함부로 해?'

이런 생각이 드는 게 참 이상했습니다. 아이들이 저한테 함부로 굴거나 예의 없게 굴지 않았거든요. 아이들이 엄마에게 무언가를 요구하는 건 당연한 일이고, 게다가 제가 먼저 아이들에게 뭐 먹고 싶냐고 어디 가고 싶냐고 물어봤거든요. 아이들이 제게 함부로 한 게 아니었음에도 자꾸만 함부로 한다는 생각이 드는 것이 이상했어요. 만약 반대로 아이들이 원하는 게 있는데 엄마에게 말을 못 하거나 감추었다면 저는 그것 또한 불편했을 겁니다. '왜 말을 못 해?'라는 생각이 들었겠죠.

아이들이 요구를 하는 것도 불편해하고 그렇다고 요구를 못 하는 것도 불편하니 모순이었죠. 머릿속에 물음표가 생겼고 혼란스러웠어요. 모순된 감정의 근원과 이유를 찾아 나에게 묻고 또 물어보았습니다.

'애들이 나한테 함부로 말하지 않았는데, 버릇없이 말한 게 아닌데, 나는 왜 함부로 한다는 생각이 들지?'

'애들이 엄마한테 원하는 걸 요구하지 못하면 그게 더 싫었을 거 같은데.'

'내가 누구한테든 요구하는 걸 어려워하잖아. 내가 우리 애들만한 나이였을 때 나는 뭘 해 달라는 말을 좀처럼 못 했어.'

그렇게 기나긴 나와의 대화 끝에 비로소 알게 됐죠. 아이들의 요구가 불편했던 이유는, 아이들 때문이 아니라 필요로 하는 걸 말로 표현하지 못했던 제 어린 시절의 결핍 때문이라는 걸요.

저는 어릴 적에 뭘 해 달라는 소리를 잘 못 했어요. 지금도 부탁이나 요구를 어려워하는 편입니다. 그래서 아이들의 끊이지 않는 요구가 마치 '엄마는 지금도 요구가 힘든데, 너희는 왜 이렇게 멋대로 해?'라는 메시지로 연결된 것이지요. 이런 의사소통의 오해가 생기니 마음이 불편할 수밖에요.

이처럼 내 안에 마음이 자라지 않은 아이가 있을 때 감정 추론과 의사소통에 오해가 생길 수 있습니다. 계속 무언가를 요구하는 아이가 나에게 함부로 하는 것 같다고 잘못 느끼는 것처럼요.

불편함의 근원은 과거의 해결되지 않고 채워지지 않은 경험에 있었어요. 아이로부터가 아니라 부모인 나의 정서적 결핍에서 비롯된 것임을 납득하고 난 다음부터는, 불편한 감정을 품고 있지 않고 요구의 말을 시도해 보기 시작했습니다. 요구를 편하게 못 해 본 데에서 비롯된 심리적 허기는 요구를 해 보면서 채워질 수 있을 테니까요.

"애들아, 오늘은 엄마가 우동이 먹고 싶어. 우동 가게 여기서 가까워. 거기 가자."

"엄마한테 오늘 운전하느라 수고했다고 말해 줘."

"엄마 다리 좀 밟아 줘. 어깨 주물러 줘."

아이들은 흔쾌히 우동 가게에 가고, 수고했다고 말해 주고, 안마해 줍니다. 요구가 받아들여지는 수용을 경험하며 요구가 불편했던 저의 마음도 한결 편안해져 갑니다.

비단 요구의 말뿐만 아니라 힘들 때 힘들다고 말하거나 도와달라고 말하는 것도 조금씩 연습하고 있어요. 덕분에 비슷한 상황에 처했을 때 감정에 휘둘리지 않으면서도 좀 더 유연하고 지혜롭게 대처할 수 있게 되었습니다.

아이들은 여전히 제게 이거 해 달라, 저거 해 달라는 말을 합니다만, 이제는 엄마한테 함부로 한다는 생각이 들지 않아요. 오히려 '건강하게 잘 자라고 있구나.'라는 생각에 흐뭇합니다. 내가 정 힘들면 못 한다고 해도 괜찮다는 걸 알게 되면서 좀 더 마음 편히 아이를 키울 수 있게 되었어요. 이처럼 과거의 미해결된 경험이 현재에 미치는 영향과 흐름을 알고 나면 과거로부터 벗어나기가 쉬워집니다.

부모의 결핍된 부분은 아이를 키우며 채워지고 다뤄질 수 있습니다. 요구를 못 하던 제가 엄마가 되어 아이들과의 상호 작용을 통해 전보다 요구가 편해진 것처럼요. 엄마가 아이를 키우지만, 아이도 엄마를 키우고 있는 셈입니다.

✳

부모 자신만 알 수 있는 내면의 결핍

우리는 각자 어린 시절 충족되어야 했지만 채워지지 않은 부분을 안은 채 어른이 되고 부모가 됐습니다. 누구나 어릴 때 적절한 관심과 도움을 받지 못해 좌절하고 사랑받지 못한다는 느낌을 받은 적이 있을 겁니다. 모두에게 크고 작은 결핍들이 있어요.

어린 시절 억눌린 감정이 있다고 해도 다른 사람과의 관계나 사회생활 속에서는 그것이 자극될 일도 나타날 일도 많지 않아요. 적당히 감추고 조절하며 지낼 수 있죠. 그러나 아이를 키우다 보면 일상에서 억압된 감정이 끊임없이 올라와요. 나이를 먹고 성숙해 감에도 불구하고, 아이를 키우다 보면 마음속에 자리 잡고 있는 자라지 않은 내가 모습을 드러냅니다. 내 감정적 취약성이 여지없이 드러나죠.

만약 어린 시절 자신이 울 때 자신을 달래러 와 주고 마음을 추스를 수 있게 도와주는 사람이 없었다면 아이가 우는 걸 유독 못 견딥니다. 아이가 울 때마다 불편한 감정이 올라와요. 울음소리가 자신의 상처를 건드리니까요. 우는 아이를 향해 '왜 또 울어? 울지 마!'라는 마음의 소리가 먼저 올라옵니다. 아이를 달래고 보살펴야 한다는 걸 머리로 알고 있음에도 곧장 행동으로 옮기지 못하는 것이지요.

또 어릴 적 따뜻한 이해와 수용을 못 받고 냉대와 무관심 속에서 자라 부모가 됐다면, 친절과 공감에 유독 민감합니다. 누가 내 아이에게 차갑게 대하는 걸 못 봐요. 상처로부터 아이를 보호하는 것처럼 보이지만, 사실은 부모의 마음속 내면 아이를 지키는 것입니다. 따뜻함과 다정함을 공급받지 못한 아이가 어른이 되어서도 여전히 따뜻함과 다정함에 목말라하는 것이지요.

아이에게 유독 화가 나는 면이 있다면 그것이 부모의 결핍된 면일 수 있습니다. 아이에게 화가 난 게 현재 상황 때문인지, 아니면 과거의 자라지 않은 어린아이가 내면에 있어서인지는 오직 나만이 알 수 있습니다.

✳

부모의 자기 이해와 자기 객관화가 필요하다

부모가 자기 자신에 대한 이해를 쌓아 가는 건 육아에서 매우 중요합니다. 스스로를 객관적으로 관찰하는 자기 객관화가 필요해요.

나의 현재만이 아닌 현재에 영향을 미친 과거를 돌아보는 자기 성찰의 과정이 필요합니다. 자신의 과거와 현재를 살펴보면 보다 깊이 스스로를 이해하고 헤아릴 수 있어요.

내가 유독 불친절하고 퉁명스러운 말투에 취약하다는 것을 알면, 누군가 그렇게 말했을 때 곧장 마음이 상하거나 실망하는 감정적 동요를 어느 정도 다스릴 수 있습니다. 내가 인정받고자 하는 욕구가 유독 강하다는 것을 알면, 아이가 나를 무시한다는 것처럼 느껴질 때 "엄마 무시해?"라고 말하는 대신, '나에게 채워지지 않은 인정 욕구가 있지. 내가 나를 더 아껴 줘야겠다.'라고 마음먹을 수 있죠. '내가 왜 이럴까?'라는 의문과 '이러지 말아야지.'라는 자책을 멈추고 '내가 이래서 이렇구나.'라는 이해와 '앞으로 이렇게 해야지.'라는 다짐을 할 수 있습니다. 내가 나를 알 때, 나중에 후회할 것이 뻔한 반사적인 말과 행동을 멈출 수 있어요. 이것이 바로 심리적 성숙입니다.

누구나 자기 내면에 회복력과 성장 가능성을 가지고 있습니다. 아이만이 아니라 부모도 그렇습니다. 나의 결핍과 취약성, 과거와 현재를 알고, 그것을 다루어 나가면 넘어져도 다시 일어서는 부모, 자존감과 회복탄력성이 높은 부모가 될 수 있습니다.

감정에 서툰 부모

《엄마의 말 연습》이 큰 사랑을 받으면서 독자분들의 후기와 이메일을 받아볼 수 있었습니다. 참 감사한 일이지요. 그러면서 알게 된 건 감정을 어려워하는 부모님들이 무척 많다는 사실입니다. 아이와의 관계에서 쉽사리 화를 낸다든지, 우울감에 빠진다든지, 감정을 쌓아 놨다가 사소한 일에 불같이 욱한다든지……. 많은 부모님이 감정 조절을 어려워하셨어요.

감정 조절이 안 되면 감정 표현에도 미숙해요. 비난과 질책, 비교와 엄포, 질타와 부정적인 판단, 마음에도 없는 말을 쏟아 내고 뒤돌아 후회하는 것, 모두 감정 조절이 서툴기 때문입니다. 부모의 감정 조절이 서툴면 아이의 부정적인 감정에 휘말려 부정적인 말을 돌려주게 됩니다.

[6세] 하원 후 아이가 책가방을 신발장에 벗어 놓은 상황

😊 "가방 제자리에 두고 식판 꺼내자!"

🙂 "아, 싫어. 귀찮아."

😠 "그럼 내일 그냥 들고 가. 더러운 식판에 먹어야지 뭐." **(비아냥)**
"가방 현관에 두면 이제 동생이 신발 신을 때 밟는다." **(협박)**

"네 잘못이니 동생한테 뭐라고 하지 마." (죄책감)

[6세] 아이가 블록 놀이를 한 후 정리를 안 하는 상황

"나 힘들어. 정리하기 싫어. 엄마가 해 줘."

"네가 같이 치운다고 약속했잖아. 왜 약속을 안 지키고 또 엄마한 테 미뤄?" (비난)

"어지르는 사람 따로, 치우는 사람 따로야?" (핀잔)

"안 치우면 갖다 버린다." (협박)

"잔말 말고 얼른 치워!" (명령)

[초2] 아이가 안내장 제출을 깜빡한 걸 저녁에 안 상황

"안내장이 가방에 그대로 있네. 정신을 얻다 놓고 다녀?" (질타)

"깜빡했어요. 내일 학교 가서 내면 되는데 왜 화내요?"

"화나지, 안 나겠어? 네가 까먹는 게 한두 번이야?" (비난)

[초3] 게임을 많이 시켜 주는 친구네 집과 비교하는 상황

"구름이네는 매일 30분씩 게임하게 해 준다는데, 왜 우리 집은 매 일 게임 못 해요?"

"집집마다 다른 건데 왜 이렇게 불만이 많아?" (부정적 판단)

"싫으면 그 집 가서 살아. 가서 그 집 아들 해!" (수치심 유발)

아이를 올바른 방향으로 이끌려는 의도이겠지만, 문제는 그것을 표현하는 내용과 방식입니다. 내용이 부정적이고 어감이 냉소적이에요. 말투가 강압적이며 말하는 방식이 일방적입니다.

말에 부모의 처리되지 않은 감정이 실려 있어서 그렇습니다. '대화'에 서툰 것처럼 보이지만, 사실은 '감정'에 서툰 것입니다. 나이를 먹어서도 어른이 돼서도 우리는 여전히 감정에 서툽니다. 어릴 적에 마음을 공감받거나 안전하게 표현해 본 경험이 적고, 감정을 표현하는 걸 장려받지 못한 채 부모가 됐다면, 감정을 느끼는 것도 감정을 조절하는 것도 감정을 적절하게 표현하는 것도 모두 서툴 수 있습니다.

✳ 부모의 감정 조절이 먼저다

부모가 감정에 미숙하면 아이의 심리적 성장을 이끌기 어렵습니다. 부모가 부정적인 감정에 휘둘리면 아이에게 긍정적인 정서를 공급해 주기 힘드니까요. 아이가 짜증을 낼 때 부모가 화를 내거나 질책으로 응수하면 아이의 내면에 부정적인 게 채워지고 말아요.

아이와 긍정적인 상호 작용을 하려면 먼저 부모가 '감정 조절'부터 할 수 있어야 해요. 아이의 부정적인 말에도 흔들리지 않고 단단

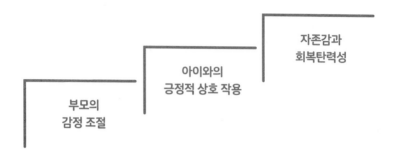

부모의
감정 조절

아이와의
긍정적 상호 작용

자존감과
회복탄력성

히 버텨 줄 수 있어야 합니다. 부모가 부정적인 감정을 원활하게 처리할 수 있을 때 아이의 부정적인 말에 매몰되지 않고 긍정적인 걸 줄 수 있어요. 감정 조절에 능숙한 부모가 긍정적인 상호 작용을 통해 아이의 자존감과 회복탄력성을 키울 수 있습니다.

자기 자신에게
말 걸기

    감정 조절을 할 수 있으려면 우선 감정에 대해 알아야 해요. **감정은 마치 날씨를 아는 것과 비슷합니다.** 오늘 소나기가 예상된다는 일기 예보를 들으면, 외출할 때 우산을 챙길 겁니다. 그러면 갑작스러운 소나기를 만나도 당황하지 않아요. 준비한 우산을 펼치면 되니까요. 그러나 날씨를 모르면 갑작스러운 소나기에 당황하며 쫄딱 젖고 맙니다. 이처럼 감정을 모르면 눈이나 비, 폭풍우처럼 어려운 상황을 만날 때 무기력하게 감정에 내맡겨집니다. 쫄딱 비에 젖는 것처럼 감정에 휩쓸리고 압도되는 것이지요.

    물론 날씨에 대한 정보를 안다고 해도 비가 오고 눈이 오고 바람이 부는 걸 막을 수는 없습니다. 마찬가지로 내 감정을 알고 내 감정적 취약성에 대한 정보를 안다고 해도 나의 불안하고 슬프고 화나는 감정 자체를 막을 수는 없습니다. 그러나 일기 예보를 알면 우산을 챙겨 비 맞는 일을 막을 수 있는 것처럼, 내 감정적 취약성을 알면 여러 가지 어려운 상황에 적절히 대비하고 현명하게 대처할 수 있습니다.

✳

감정에 대해 잘 아는 사람이
능숙한 두 가지

다양한 상황 속에서 내가 어떤 감정을 느끼는지를 관찰하고 파악하며 왜 이런 마음이 드는지를 알아차리는 감정 인식은 매우 중요해요. 감정에 대해 잘 아는 사람은 다음의 두 가지에 능숙합니다.

첫째, 감정 포착을 잘합니다. 감정 인식이 잘 된 사람일수록 감정을 객관적으로 바라볼 줄 압니다. 내가 느끼는 감정이 무엇인지 알아차리기 때문에 그에 맞게 대처할 수 있는 것이지요. 반면 자신의 감정에 대해 모르는 사람은 감정 포착에도 미숙합니다. 욱하거나 자주 화를 내기 쉬워요. 물고기에 대해 모르면 도미도 광어도 민어도 다 '생선'이라고 하게 되지요. 부모가 감정을 모르면 감정 그물에 걸린 걸 전부 '화'라고 여깁니다. 감정을 모르면 실망감도 서운함도 답답함도 모두 '화'로 뭉뚱그려요.

둘째, 감정 조절을 잘합니다. 내가 언제 유독 우울해하고 어떤 상황에서 심하게 불안해하는지, 감정의 트리거가 되는 상황과 감정적 반응 패턴을 알면 그걸 관리하면서 살아갈 수 있습니다. 우울하지 않은 사람, 불안하지 않은 사람, 화 안 내는 사람으로 살 수는 없지만, 일상에서 조절하며 지낼 수 있는 것이지요. 반면 자신의 감정에 대해 잘 알지 못하는 부모는 실망해도 화를 내고 속상해도 화를 냅니다. 자신의 감정에 대해 모르면 무심코 아이에게 화를 내면서도 왜 그렇게 화를 내는지조차 몰라요. 자책하고 후회하면서도 막상 비슷한 상황이 닥치면 무의식적으로 화를 내는 악순환이 반복됩니다.

※
자기 감정을 알아차리려면
자기 자신에게 말을 걸어야 한다

자기 감정을 알아차리기 위해서는 연습이 필요합니다. 어떤 상황에서 불편한 감정이 들 때, 자기 자신에게 말을 걸고 자기 마음을 들여다보는 것이지요. 날 선 감정을 아이에게 쏟지 말고, 잠시 멈춰 자기 자신에게 말을 걸고 마음의 소리를 듣는 겁니다.

'이 감정은 뭘까?'

'왜 이렇게 기분이 나쁘지?'

'왜 이 상황이 불편하지?'

'왜 그 말 한마디에 갑자기 마음이 상했지?'

감정 조절을 잘하는 부모가 되기 위해서는, 감정에 휩싸이는 순간 이처럼 감정 포착을 위한 의식적인 노력이 필요합니다. 감정의 파도에 휩싸일 때면, 한 걸음 물러서서 이것이 어떤 감정인지 왜 이런 감정이 드는 것인지 자기 자신을 객관적으로 바라보는 것이지요. 감정 주머니에 담긴 언짢음, 실망, 후회 등 다채로운 감정을 찾아보는 과정을 거쳐야 해요.

이러한 물음에 답을 찾다 보면 자기 감정을 포착하고 마음을 이해하게 됩니다. 나에게 말을 걸다 보면 내가 어떤 상황에서 자주 넘어지는지, 나를 무너뜨리는 감정이 무엇인지, 내가 유독 약한 지점이 어디인지가 보여요. 내 취약성을 알 수 있습니다. 또한 감정의 실체를 알고 적절히 대처할 때 감정에 대한 통제권도 쥘 수 있습니다.

'아이가 물건을 아무 데나 둔 걸 보면 짜증이 확 올라와.'

'아이가 자기 할 일을 미룰 때 유독 화가 나.'

'애가 퉁명스럽게 말하는 걸 나는 공격으로 받아들여.'

'내가 말을 안 하면 모르는 건데, 아무 말 안 하면서 막상 내 마음을 몰라 주면 혼자 서운해하는 게 있어.'

오뚝이 육아는 부모인 나를 아는 것에서 시작됩니다. 나의 성향과 취향, 강점과 약점, 현재와 지금의 나를 만든 과거의 영향을 이해하는 것이지요. 특히 나의 감정을 아는 것이 매우 중요합니다. 내가 어떤 감정을 잘 견디고 어떤 감정은 못 참는지, 어떤 상황에서 편안함을 느끼고 어떤 상황에서 매번 거슬리는지, 또 내 안에서 생겨나는 갖가지 감정을 깨닫지 못하도록 방해하는 건 무엇인지 자기 자신의 감정을 관찰하고 탐구해야 합니다.

우리의 감정은 다채로워요. 슬픔, 분노, 두려움부터 행복, 기쁨까지 다양합니다. 감정에 서툰 걸 자각하고 똑바로 바라보게 되면 많은 것이 달라집니다. 내가 어떤 감정을 느끼는지 포착하고 왜 그런 마음이 드는지를 알면 덜컥 화부터 내지 않을 수 있습니다. 내가 내 감정적 취약성을 알고 내 마음을 달랠 수 있을 때, 비로소 아이 마음도 달래 줄 수 있습니다. 부모가 자신의 감정을 알고 감정 조절을 할 수 있을 때, 아이와의 긍정적인 상호 작용도 가능해집니다.

✳

부모인 나에게 묻기

[초3] 신학기에 아이의 학교생활 특히 친구 관계에 대해 궁금한 게 많은 엄

궁금해서 무언가 질문했는데 아이가 답을 주지 않으면 답답하지요. "왜 말을 안 해?", "얘기 좀 해 봐."라고 채근하는데 모른다는 성의 없는 답이 돌아오면 엄마는 더 궁금해져요. 그런데 부모가 궁금증 해소에만 몰두하면 질문은 어느새 추궁이 되고 맙니다. 대화가 아니라 취조가 돼요. 아이로서는 불편할 수밖에요. 먼저 내가 왜 이걸 궁금해하는지 나의 속내부터 알아야 합니다. 내가 나에게 물어봐야 해요.

나는 왜 자꾸 친구에 관해 물어볼까?

'평소 아이의 내향적이고 할 말을 못 하는 성격이 못마땅하다. 그래서 또래 관계에 필요 이상으로 관심을 갖고 도움을 주고 싶어 하는 것 같다. 아이의 교우 관계가 늘 불안하다. 아이 스스로 잘 해내

고 있을 거라는 믿음이 부족한 것 같다.'

아이는 왜 모른다고 할까?

'엄마가 너무 사소한 것까지 알고 싶어 하는 게 부담스러우니까. 나로서는 관심과 궁금증이었지만, 아이 입장에서는 간섭과 잔소리로 느껴지니 회피하며 성의 없는 답을 들려줬지 싶다.'

내가 진짜 하고 싶은 말은 뭘까?

'아이가 친구들과 즐겁게 지내기를 바랄 뿐이다. 사실 이제껏 아이는 친구들과 큰 트러블 없이 잘 지내 주었는데 나는 여전히 불안에 머무른 채 아이를 믿어 주지 못했던 것 같다.'

"아이는 왜 대답하기 어려워할까?", "나는 왜 아이가 피하는데도 굳이 비슷한 질문으로 아이를 곤란케 하는 걸까?" 내가 나에게 말을 걸다 보면 내가 보이고 아이가 보입니다. 질문의 의도와 본질은 궁금증이 아니라 불안임을 알 수 있죠.

결국 아이를 추궁한 건, 아이가 답을 하지 않아서가 아니라 엄마가 아이의 친구 관계에 대한 불안을 다루지 못했기 때문이에요. 부모인 내가 불안에 대해 취약하다는 것을 알아차리면 추궁하는 듯한 질문 대신 믿음과 격려의 말을 해 줄 수 있습니다.

> 😊 "그동안 여러 친구들과 잘 지내 왔으니까 올해도 앞으로도 그럴 거야." (믿음)
>
> "좋은 친구를 사귀고, 좋은 친구가 되어 주렴." (격려)
>
> "엄마는 너를 믿고 응원해." (지지)

여러 질문에 대한 해답은 부모인 내가 가지고 있는 경우가 많아요. 그러므로 나에게 먼저 말을 걸고 나와 대화를 시도해야 합니다. 부모인 내가 나를 알고, 나와 친해지고, 나와 잘 지낼 때 아이와도 잘 지낼 수 있어요.

3장

오뚝이 육아는
긍정의 육아입니다

아이를 긍정적으로 바라보자

초등 교사인 저는 교직 경력의 대부분을 고학년 담임을 하며 보냈습니다. 그래서인지 처음으로 1학년을 맡았던 해에 무척이나 애를 먹었어요. 두 가지 에피소드가 떠오릅니다.

첫째는 받아쓰기 시험을 봤을 때인데요. 몇 해 전만 해도 학교에서 받아쓰기 시험을 보는 게 보편적이었습니다. 받아쓰기 급수표를 나눠 주고 여러 번 연습하고 숙제도 해 오게 했죠. 그런데 받아쓰기 시험을 보던 날, 저는 적잖이 당황했습니다. 커닝하는 아이들이 너무 많았거든요. 짝꿍의 시험지를 슬쩍 보는 소극적 커닝부터, 급수표를 대 놓고 베끼는 적극적 커닝까지⋯ 커닝하는 아이들이 한둘이 아니었습니다.

"급수표 보고 하는 거 아니에요. 집어넣으세요."

얼른 급수표를 치우는 아이도 있었지만 듣는 둥 마는 둥 하는 아이도 있었습니다. 심지어 "선생님, 저는 급수표 책상 위에 있는데 안 보고 해요!"라고 대답하는 아이도 있었죠. 이러한 상황이 저는 당혹스러웠습니다. 따끔하게 야단을 쳐야 할지, 차분히 설명해 줘야 할지 감이 오지 않았고, 결국 선배 선생님께 조언을 구했습니다. 1학년만 십 년째이신 나이 지긋한 옆 반 선생님이라면 속 시원한 답을 주실 것 같았거든요.

"그 아이는 그래도 열심히 하려고 하네요. 엉터리로 쓰거나 아예 안 쓰고 손 놓고 있는 것보다는 베끼기라도 하는 게 공부가 되니까요. 근데 시험이니까 베끼면 안 된다는 걸 가르쳐야죠. 다음부터는 시험 보기 전에 선생님이 급수표를 사물함에 넣거나 책가방에 넣고 지퍼를 잠그라고 미리 언질을 주세요."

선배 선생님은 커닝하는 아이를 열심히 하는 아이로 바라보았습니다. 아이의 문제 행동 너머의 긍정적인 면을 찾아 낸 것이지요. 그리고 커닝하는 아이를 혼내기보다 급수표를 꺼낼 수 없도록 교사가 상황을 바꿔 주라는 조언을 주셨죠.

1학년을 맡고 제가 겪은 두 번째 어려움은 설명의 횟수였어요. 보통 6학년은 교사가 세 번 정도 말하면 알아듣습니다. 어떤 아이는 단번에 이해하고, 어떤 아이는 반복이 필요한데, 대개 세 번 정도 반복하면 그럭저럭 이해합니다. 그런데 1학년은 세 번을 반복하여 설명했음에도 알아들었다는 확신이 들지 않았습니다. 설명에 귀 기울이기는커녕 아예 안 듣는 느낌, 벽에 말하고 있다는 느낌마저 들었어요. 저는 또 선배 선생님을 찾아갔습니다.

"선생님, 아이들에게 설명할 때 몇 번이나 반복해야 할까요? 몇 번을 하면 다 알아들을까요?"

"그걸 뭘 세요? 몇 번 말했는지 세지 말아요. 1학년은 그냥, 무한 반복이에요."

이 말을 통해 저는 제 시각이 6학년에 맞춰져 있었음을 알게 됐습니다. 6학년에서 1학년으로 내려오면서 저는 학생들의 격차에 적응하기 어려웠습니다. '6학년은 세 번이면 알아듣는데, 이 아이들은 왜 세 번 넘게 말해도 왜 못 알아듣지?'라는 생각은 '애네 왜 이래?'라는 부정적인 판단으로 이어졌던 것이지요.

하지만 현명한 조언 덕분에 아이들을 바꾸려 할 것이 아니라 아이를 바라보는 시선을 긍정적으로 바꿔야 한다는 귀중한 깨달음을 얻을 수 있었습니다. 아이가 일으키는 문제에 얽매이지 말고 아이 자체를 긍정적으로 바라보아야겠다는 생각의 전환을 하게 되었습니다.

✳
아이를 긍정적으로
바라볼 수 있어야 한다

아이를 긍정적으로 바라보아야 한다는 걸 머리로는 알고 있지만, 막상 상황이 닥치면 부정적인 반응이 먼저 나올 때가 있지요.

 "몇 번을 말해야 알아듣니?" (비난)

"도대체 왜 그래?" (면박)

"왜 그랬어?" (추궁)

"왜 이렇게 말귀를 못 알아들어?" (질책)

이러한 말 속에는 '네가 문제야.', '네가 바뀌어야 해.'라는 부정적인 메시지가 숨어 있습니다. 부정적인 말로 바꿀 수 있는 건 아무것도 없어요. 오히려 아이와 멀어질 뿐입니다. 부정적인 아이에게 부정적인 말을 돌려주는, 부정적인 상호 작용의 반복이죠.

아이를 바라보는 시선과 태도가 부정적이면 부정적인 말이 나가고, 부모의 부정적인 말에 계속 노출된 아이는 바람 빠진 공처럼 주저앉고 맙니다. 힘을 내지 못해요. 내면의 힘이 없으니 잘못을 알아도 고쳐 나가지 못한 채 그 자리에 머무르는 것이지요.

오뚝이 육아를 위해서는 아이를 긍정적으로 바라볼 수 있어야 합니다. 잘하든 못하든, 실수하든 실수하지 않든 아이를 믿어 주고 긍정적으로 바라봐 주어야 해요. 긍정적인 걸로 채워진 공은 튀어 오를 힘이 생겨요.

예의 바르고, 말 잘 듣고, 양보 잘하는 아이를 좋게 바라보는 건 부모가 아니어도 누구든 할 수 있습니다. 조금 부족하고 서툴고 말 안 듣는 아이를 믿어주고 사랑하고 긍정적으로 바라보는 건 부모가 아니면 못 합니다.

아이가 계속 부족하고 서툴지는 않아요. 부모가 아이를 계속해서 긍정적인 시선으로 바라보면 아이도 바뀌어요. 부모가 늘 긍정적이면 아이도 부모를 닮아 갑니다.

✳

오뚝이 육아는 긍정의 육아다

자존감은 자신을 바라보는 긍정적인 정서이고 감각입니다. 뜻대로 되지 않는 어려운 상황 속에서도 "괜찮아.", "난 할 수 있어.", "이번엔 비록 잘하지 못했지만, 다음에 또 기회가 있어."라는 긍정적인 자기 독백을 할 수 있는 힘입니다. 긍정적으로 바라봐 주는 부모가 있을 때 아이는 스스로를 긍정적으로 바라볼 수 있습니다. 부모가 아

이에게 들려주는 긍정적인 말이야말로 아이 자존감과 회복탄력성
의 토대가 됩니다.

오뚝이 육아는 긍정의 육아입니다. 아이의 부족함을 '문제'가 아
닌 '과정'으로 보는 부모가 아이의 자존감과 회복탄력성을 키웁니
다. 부정적인 현재에 집중하기보다 긍정적인 미래를 바라봐야 하는
이유입니다.

아이들은 성장의 과정에 있습니다. 한창 자라나는 아이들에게
고칠 것은 그렇게 많지 않아요. 위험하거나 남에게 피해를 주는 일
이라면 가르쳐서 바로잡아야 하겠지만, 조금 부족하고 미숙한 건
믿음을 갖고 기다려 주면 됩니다. 고쳐야 할 건 아이의 부족함이 아
니라 아이의 부족함을 바라보는 부모의 시선입니다.

부정적인 말과 행동 이면에 숨은
진심을 찾자

공부 습관을 잡아 주는 건 초등 아이를 키우는 부모의 숙제 중 하나죠. 비교적 편안하게 따라오는 아이가 있는가 하면 유독 공부 저항이 심한 아이도 있어요. 제 아들도 그랬습니다. 순탄하게 따라와 주지 않았어요. 책상에 앉으려고만 하면 수학이 싫다, 숫자는 대체 누가 뭐 하러 만든 거냐부터 시작해서 수학을 왜 해야 하냐, 어차피 나는 게임 유튜버를 할 건데, 수학은 필요가 없지 않겠냐는 의미 없는 이야기를 늘어놓곤 했습니다.

하기 싫어하는 걸 꼬시고 달래서 연산 문제지 한 장을 푸는데, 유독 틀린 문제가 많아 아이가 툴툴대던 날이었어요. 급기야 틀린 문제를 고치려고 지우개로 지우다가 문제집이 찢어졌죠. 문제집이 찢어진 걸 보니까 제 마음이 뒤틀렸어요. '이게 뭐라고 이걸 이렇게 하기 싫어하나?' 싶은 마음이 들고 아이에게 실망스러웠어요. 다 때려치우라는 말이 목구멍까지 올라왔지만, 가까스로 삼키고 이렇게 말했죠.

> 👩 "하기 싫으니? 계속 한숨 쉬는 모습에 문제집까지 찢어진 걸 보니까 엄마가 마음이 힘들다. 정 싫으면 억지로 안 해도 돼. 그냥 하지 말자. 그만하자."
>
> 👦 "엄마, 내가 싫은 게 아니라…… 어려워서 그래."

싫은 게 아니라 어려워서 그렇다는 아이의 말에 저는 정신이 번쩍 들었어요. 그게 아이의 진심이었거든요. 하기 싫은 걸 억지로 한다는 건 아이의 마음이 아니라 부모 기준의 부정적 판단이었던 것이지요. 아이의 진심을 오해했던 것입니다. 어려워서 풀어 보려는 의욕이 달아난 것이라는 걸 알게 되자, 화가 눈 녹듯 녹고 아이를 보듬어 주고 싶어졌습니다.

> 👩 "어려웠구나. 받아올림 받아내림이 어려울 수 있지." (공감)
> "싫은 게 아니었네. 어려우니까 힘든 거였어." (이해)
> "그럼 그만할 게 아니라 계속해 봐야지. 지금은 어렵더라도 꾸준

어디 저뿐일까요? 우리는 아이를 두고 온갖 소설을 쓰며 삽니다. 직접 묻지 않으면 알 수 없음에도 아이의 의도를 지레짐작합니다. 부모 기준의 추측은 맞을 경우도 있지만 틀릴 경우도 허다해요. 소설은 쓰면 쓸수록 막장으로 가고, 결국 파국으로 치닫는 경우가 많습니다. 그렇게 뜻하지 않은 오해가 커지고 쌓여서 해결되지 않은 채 멀어지는 이들은 또 얼마나 많은가요.

아이와의 긍정적인 상호 작용을 위해서는 아이의 진심을 헤아릴 수 있어야 합니다. 그래야 의사소통의 오해를 막을 수 있어요. 숨은 의도를 알아보려는 시도와 노력이 필요합니다. 불만 가득한 표정과 짜증 섞인 말 이면에 감추어진 아이의 생각과 감정을 들여다보고, 궁금증을 갖는 것이지요. 한 걸음 뒤에서 아이의 행동과 태도를 관찰하는 겁니다. 그래도 이해가 가지 않는다면 아이에게 물어봐야겠죠. 내가 낳은 아이라 해도 아이를 이해하는 건 저절로 되지 않아요. 아이의 마음은 부모가 궁금해하는 만큼 들리고, 관찰하는 만큼 보입니다.

부모인 나를
긍정적으로 바라보자

다음과 같은 상황을 살펴봅시다. 아이가 문제를 제대로 읽지 않아 연거푸 틀린 상황입니다.

[초2] 아이가 문제를 제대로 읽지 않아 연거푸 틀린 상황

"거봐, 엄마가 뭐라고 했어?" (부정적 예언)

"문제부터 차근차근 읽으라고 했어, 안 했어?" (질책)

"도대체 왜 그래?" (죄책감 유발)

아이가 부모의 조언을 따랐다면 좀 더 나은 결과가 있었을 거라

는 안타까운 마음에 하는 말이지만, 아이에게는 도움이 되지 않습니다. 실수로 위축된 아이에게 죄책감을 얹어 줄 뿐이지요. 가뜩이나 불편한 상황에서 부모가 준 불편감까지 처리해야 하니 아이로서는 더욱 힘들어집니다.

아이가 실수했을 때 공감해 주고 위로해 주고 싶지만, 막상 상황이 닥치면 "거봐, 내가 뭐랬어?"라는 말이 먼저 나간다면 엄마 본인이 실수했을 때 자기 자신을 어떻게 대하는지 점검해 보아야 합니다.

> 🧑 '도대체 왜 그랬어.' (자기 비판)
> '조심했어야지. 더 신경 썼어야지. 정말 한심하다.' (자책)
> '이런 것도 못 하면 어떻게 해.' (자기 비난)
> '나는 왜 이 모양일까? 고작 이렇게밖에 못 할까? 나는 엄마 자격도 없어.' (자학)

아이를 향한 말과 태도는 나 자신을 향한 태도와 크게 다르지 않아요. 실수한 아이를 책망하는 사람이라면 실수한 나 자신도 똑같이 다그치고 있을 겁니다. 부모 자신의 실수에 인색하면 아이 실수에 관대할 수가 없거든요. 실수한 상황에서 내가 나에게 하는 말이 아이가 실수한 상황에서 그대로 재현됩니다.

오뚝이 육아를 위해서는 부모인 나에게도 긍정적이어야 합니다.

실수한 나, 부족한 나에게 괜찮다고 할 수 있어야 해요. 설령 어리석은 일을 저질렀다 하더라도 나에게 가혹해지지 않아야 합니다. 나를 공격하고 비난하는 건 내가 저지른 어리석은 행동만큼이나 어리석은 태도입니다. 행동을 개선할 가능성과 여지를 가로막기 때문이지요.

> 😊 '실수할 수 있지.' (인정)
> '누구나 실수해. 이게 정상이야.' (자기 위로)
> '괜찮아. 앞으로 같은 실수를 반복하지 않으면 돼.' (자기 격려)

내가 나에게 자비심을 가질 때, 아이에게도 너그러울 수 있습니다. 내가 나의 실수에 관대할 때 아이도 포용할 수 있어요. 아이의 실수를 봐주고 넘어가 줄 수 있는 마음의 여유는 내가 나를 대하는 태도에서 나옵니다. 나 자신을 향한 부정적인 목소리와 비판적인 생각을 긍정적으로 바꿔야 하는 이유입니다.

[초2] 아이가 문제를 제대로 읽지 않아 연거푸 틀린 상황
> 😊 "어떻게 처음부터 잘해? 서툴 수 있어." (긍정적 이해)
> "누구나 실수해." (위로)
> "괜찮아." (격려)

"다음부터는 문제부터 차분히 읽어야겠다고 마음먹는 거, 너는 이걸 배운 거야. 다 배우는 과정이야." (긍정적 해석)

속상한 마음에 공감해 주고, 실수는 배움의 과정이라는 긍정적 해석과 격려를 해 주면 아이가 처리해야 할 부정적 감정의 짐을 덜 수 있어요. 한결 마음이 가벼워지죠. 넘어졌을 때도 가뿐히 일어날 수 있을 겁니다.

내가 나를 대하는 방식이 곧 아이를 대하는 방식입니다. 먼저 내가 나에게 긍정적이어야 합니다. 우리 자신을 좀 더 관대하게 바라볼 수 있다면 자연스럽게 아이에게도 너그러울 수 있을 것입니다.

긍정적인
셀프 토크를 하자

'대화'하면 무엇이 떠오르시나요? 대부분 두 명 이상의 사람이 이야기하는 모습을 생각하실 겁니다. 그런데 대화에는 두 가지 종류가 있어요. 우리가 일반적으로 하는 '다른 사람과의 대화', 그리고 '자기 자신과의 대화'인 '셀프 토크self talk'입니다.

자기 자신과 대화한다는 말이 낯설게 느껴지시나요? 사실 우리는 매일 스스로와 대화하며 살고 있습니다. 예를 들어 늦은 밤에 라면이 먹고 싶을 때 '내일 후회할 것 같은데, 조금만 참아 볼까?'라고 생각하거나, 중요한 시험을 앞두고 긴장이 될 때 '나는 할 수 있어. 잘할 거야.'라고 다짐하는 것처럼요. 다만 셀프 토크는 입 밖으로 소리 내지 않고 마음속으로 하는 혼잣말이기 때문에 대화라는 생각을 하지 못할 뿐입니다.

셀프 토크는 매우 중요합니다. 사고방식과 신념 체계의 바탕이 되기 때문입니다. 부정적인 셀프 토크를 하는 사람은 인생의 크고 작은 난관을 마주할 때, '어쩌면 좋아.', '왜 나한테만 이런 일이 일어나는 걸까?', '도무지 되는 일이 없어.'라는 비관적인 반응을 합니다. 반면 긍정적인 셀프 토크의 습관이 있는 사람은 똑같은 난관에 처했을 때 '괜찮아.', '누구나 겪는 일이야.', '당장은 힘들지만, 내가 배우는 게 있을 거야.', '난 해낼 수 있어.', '힘내자!'라고 낙관적으로 반응합니다. 어떤 셀프 토크를 하느냐에 따라 삶에서 벌어지는 사건과 상황에 대한 해석이 달라지는 셈이지요.

육아, 아이와의 관계에서도 그렇습니다. 자기 자신에게 긍정적으로 말하는 부모는 아이에게도 긍정적으로 반응합니다. 반면 자기 자신에게 부정적으로 말하는 부모는 아이에게도 부정적으로 반응하기 쉽습니다. 구체적인 사례로 살펴볼게요.

[6세] 아이의 등원 준비와 엄마의 출근 준비로 분주한 상황

🧒 "엄마, 시리얼 말고 핫도그 먹을래요."

👩 "핫도그? 알았어… 잠깐만 기다려."
(엄마가 냉동실에 있는 핫도그를 꺼내 전자레인지에 넣는다.)

🧒 "으앙!"

엄마는 바쁜 와중에도 아이의 요구를 들어주기 위해서 핫도그를 데우고 있습니다. 그런데 아이가 갑자기 울음을 터뜨립니다. 이 상황에서 엄마가 어떤 셀프 토크를 하느냐에 따라 아침 등원 분위기는 완전히 달라집니다.

✳

셀프 토크가 부정적인 부모

 '핫도그 먹고 싶다고 해서 해 주는데, 왜 우는 거야?'
'또 시작이야. 뭐 하나가 뒤틀리면 울고 떼쓰기 반복이지.'
'아침마다 실랑이하는 거 정말 지친다. 하루라도 좀 수월하게 지나갈 수는 없는 거야?'
'아무리 바빠도 해 달라는 거 웬만하면 다 들어주려고 하는데 정말 너무한다.'
'생각할수록 화가 나네!'

⬇

 "너 왜 울어?" (다그침)
"네가 핫도그 먹고 싶다고 해서 데우고 있잖아. 이게 울 일이야?"

(부정적 판단)

"아침마다 이런 식이지. 하루라도 좀 조용하게 지나갈 수 없니?"

(부정적 증폭)

"먹기 싫으면 먹지 마." (질책)

부정적인 셀프 토크를 하면 아이가 울어서 당황스러운 감정이 이내 화로 번집니다. 결국 아이에게 분노와 짜증 섞인 말을 하게 되지요. 아이의 진짜 마음을 모른 채, 양육자 혼자서 아이의 행동을 나쁘게 단정하고 질책합니다.

심정을 오해받은 아이는 눈물이 그치지 않습니다. 아이는 아이대로 마음을 몰라주는 엄마에게 서운하고, 엄마는 엄마대로 얼마나 애쓰는지 몰라주는 아이에게 섭섭하죠. 어린이집으로 가는 차 안에 어색함과 정적, 싸늘함이 감돕니다. 엄마의 입에서는 자연스레 이러한 혼잣말이 나올 거예요.

"아침마다 지친다. 울고 떼쓰는 거 정말 힘들다."

셀프 토크가 긍정적인 부모

긍정적인 셀프 토크를 하는 부모는 섣불리 아이의 의도를 판단하거나 지레짐작하지 않습니다. 처음에 느낀 당황스러운 감정이 부정적으로 증폭되지 않죠. 이유를 모르겠다 싶은 상황에서는 아이에게 직접 물어서 사실을 확인합니다. 일단 왜 우는지 알고 나면 당황스러움도 사그라듭니다.

'핫도그 먹고 싶다고 해서 해 주려고 하는데, 왜 울지?'
'갑자기 먹기 싫어졌나? 잠을 덜 자서 그런가? 궁금하네.'
'생각할수록 모르겠네. 물어봐야겠다.'

"핫도그 먹고 싶다고 해서 데우고 있는데, 네가 갑자기 우니까 당황스러워." (부모 감정 말하기)
"왜 우는지 궁금해. 얘기해 줄래?" (질문)

"뜨거워서 못 먹을까 봐. 뜨거워서 빨리 못 먹을까 봐…"

"그랬구나. 아침이라 서둘러야 하는데, 막상 뜨거운 걸 어떻게 빨리 먹나 싶어 걱정했구나." (아이 감정 읽기)

"걱정하지 마. 엄마가 식혀 줄게. 식혀도 뜨거워서 먹기 힘들면, 가지고 가서 차 안에서 먹자." (해법 제시)

엄마가 자기 심정을 알아주면 아이는 금방 울음을 그칩니다. 자기 마음을 알아주고 적절한 해결책을 찾아 준 엄마 덕분에 안정감을 느끼죠. 엄마는 아침 시간에 엄마를 따라 덩달아 조급해하고 걱정하는 아이의 마음을 이해하게 됩니다. 아이가 울음을 그친 모습을 보며 엄마는 자기 자신에게 이렇게 말할 거예요.

'앞으로도 아이가 이해되지 않을 때는 지레짐작하지 말고 물어봐야겠어. 바빠서 그냥 넘어갈까 했는데, 물어보길 정말 잘했네.'

긍정적인 셀프 토크가 몸에 밴 부모는 아이의 행동이나 반응을 긍정적으로 해석합니다. 반면 부정적인 셀프 토크가 몸에 밴 부모는 같은 행동을 부정적으로 해석합니다. 아이의 사소한 제스처나 말투를 부정적으로 해석하기 때문에 까칠한 반응을 보이는 것이지요. 아이가 우는 순간, 부모의 마음속에서 부정적인 셀프 토크가 이루어졌기 때문에 화가 나고 짜증이 나는 겁니다.

분노, 짜증, 실망스러움 등 부정적인 감정의 원인이 외부에 있다고만 볼 수는 없어요. 상황에 대한 나의 해석과 대응 방식이 원인일 때도 있습니다. 분노와 실망이 내가 나와 주고받은 부정적인 셀프 토크의 결과이지 아이의 갑작스러운 울음에서 야기된 게 아니라는 거죠. 부정적 감정은 상황으로 인한 결과가 아닌 내 부정적 신념과 비관적인 해석에서 초래된 결과일 수 있습니다. 같은 상황에서도 부모가 긍정적으로 해석하고 반응하면 화를 내고 짜증을 내지 않을 수 있으니까요. 아이와 긍정적으로 상호 작용하는 오뚝이 육아를 위해서는 부모의 셀프 토크가 긍정적이어야 합니다. 긍정적인 마음의 습관을 가져야 해요.

또 하나의 사례를 들어 볼게요. 저녁 시간, 7세 아이가 저녁밥을 많이 남기고 배부르다고 합니다. 키도 작고 체구도 왜소한 아이가 반도 다 못 먹고 남기겠다고 해요. 이 상황에서 즉각적으로 드는 마음과 생각은 무엇인가요? 부모가 어떤 셀프 토크를 하는지 들여다 보겠습니다.

✳

부모의 부정적인 셀프 토크에서
비롯되는 부정적 상호 작용

걱정하는 부모 : '이따 배고프다고 할 텐데.'

 '지금 안 먹으면 이따 자기 전에 배고프다고 할 텐데… 새벽에 배고

파서 깨면 어떻게 해? 그때 또 차려 줘야 해? 귀찮아. 나도 쉬고 푹
자고 싶어. 애도 밥을 든든히 먹어야 푹 잘 거야. 싫어도 먹여야 해.'

 "많이 안 줬어. 다 먹어." (강요)
"안 먹고 자기 전에 배고프다고 하잖아. 새벽에 배고파서 밥 달라
고 하면 엄마도 힘들어." (푸념)
"이제 주방 마감이야. 지금 안 먹으면 먹을 거 없어." (협박)

불안해하는 부모 : '안 먹으니까 키가 안 크지.'

 '맨날 이렇게 안 먹으니까 키가 안 크지. 이렇게 왜소하면 덩치 큰
친구들 사이에서 기도 못 펼 텐데, 어떻게 해? 다 네가 안 먹어서
그런 거야. 안 먹으니까 위도 안 커지고 그래서 많이 못 먹는 거야.'

 "많이 안 줬어. 그건 다 먹어야 해." (강요)
"이렇게 안 먹으니까 키가 안 크지. 유치원에서도 네가 제일 작잖
아." (비교)

1부 오뚝이 육아를 소개합니다

"나중에 학교 가면 더 덩치 큰 친구들도 많아." **(경고)**

"잘 먹어야 키 크는 거야. 물고 있지 말고 얼른 씹어서 삼켜!" **(명령)**

✳

부모의 긍정적인 셀프 토크에서
비롯되는 긍정적 상호 작용

이해하는 부모 : '배가 안 고플 수도 있지.'

 '급식을 많이 먹고 왔나 봐. 배가 안 고플 수도 있지. 억지로 먹으라고 해도 결국 많이 못 먹어. 기분 좋게 먹게 하자.'

⬇

 "많이 남겼네. 오늘 급식을 많이 먹었니? 배가 안 고픈가 봐." **(공감)**
"근데 엄마가 너 사랑해서 진짜 정성으로 만든 건데 많이 남기니 좀 속상하다." **(부모 입장 설명)**
"조금만 더 먹어 볼래?" **(제안)**

믿어 주는 부모 : '앞으로 잘 먹고 잘 클 거야.'

 '또래 친구들보다 작고 마른 거 보면 걱정스럽긴 해. 근데 염려한다고 애 키가 자라는 건 아니잖아. 그래도 전보다는 먹는 음식 가짓수도 많아졌고 양도 늘고 있어. 앞으로 더 좋아질거야. 잘 먹고 잘 클 거야.'

⬇

 "많이 남겼네. 그래도 전보다는 양이 늘었어. 잘하고 있어. 성장기에는 먹으면 다 키로 가." (긍정적인 말)
"더 잘 먹고 키 쑥쑥 크자. 좀 더 먹어 볼까?" (제안)

　

부정적인 셀프 토크가 문제인 이유는 그것이 일상 속 인간관계에서 수많은 오해의 씨앗이 됨에도 불구하고, 그것이 본인과 다른 사람의 마음을 병들게 한다는 걸 알아차리기 어렵기 때문입니다. 혼잣말이 겉으로 드러나지 않기 때문에 부정적 영향력을 실감하지 못하는 것이지요. 부정적인 생각을 끊임없이 만들어 내고 있음에도 불구하고 자신의 셀프 토크가 부정적이라는 사실조차 모르는 경우가 많아요. 아이의 심정을 오해하고, 마음에 상처를 주는 말을 내뱉고도 그것이 부정적이고 잘못된 나의 목소리로 인한 것임을 알기 어렵습니다.

　부정적인 셀프 토크가 시작될 때 그것을 알아차리고 '멈춰. 괜히 자책하지 말자. 괜찮아!'라고 자신에게 말해야 합니다. 부모가 부정적인 셀프 토크의 습관을 버리고 긍정적인 셀프 토크의 습관을 장착할 때, 아이를 키우며 마주하는 여러 상황적 어려움을 긍정적으로 해석하고 낙관적으로 대응해 나갈 수 있습니다. 내가 어떤 혼잣말을 하고 있는지, 아이를 향한 시선이 어떤지를 점검해 보고 긍정적인 습관을 갖기 위해 애써야 합니다.

　아이의 자존감과 회복탄력성을 기르는 긍정적 대화의 기반은 부모의 긍정적인 셀프 토크에 있습니다. 내가 나에게 긍정적인 말을 건네고 있다면 안 좋은 상황에서도 긍정적인 말을 건네는 부모가 될 수 있습니다.

2부

오뚝이 육아,
부모의 공감과
가르침이
중요합니다

1장

오뚝이 육아,
부모의 공감이
중요합니다

공감은 '감정 핑퐁'이다

공감은 부모와 아이 사이의 유대감을 만드는 자원이자 좋은 부모가 되기 위한 필수적인 자질입니다. 만약 아이의 감정이 부모에게 받아들여지지 않거나 거부당한다면, 아이는 심리적으로 위축됩니다. 부모로부터 따뜻하고 진심 어린 공감을 받은 아이는 밖에서 차가운 반응을 겪어도 상처를 덜 받아요. 아이의 자존감과 회복탄력성을 키우기 위해서는 아이의 감정을 부모가 수용하고 인정해 주어야 합니다. 아이가 부모에게 자신의 마음을 안전하고 편안하게 털어놓을 수 있어야 해요.

또한 아이에게 부모의 마음을 드러내는 것도 중요합니다. 부모가 자신의 속상한 마음은 억압한 채, 일방적으로 아이의 감정에 공감해 주려고 하면 지칠 수밖에 없습니다. 감정을 말하지 않고 참는 것이 습관이 되면 내가 어떤 감정을 느끼는지 명확히 알지 못한 채 그저 불편함을 견디는 것이 당연한 일이 되고 말아요. 부모가 자신의 감정 상태를 무시한 채 아이의 감정만 일방적으로 수용하고 우선시하는 게 계속되면 부모의 감정 자원도 점차 고갈됩니다. 감정적으로 소진되고 감정이 무뎌져요. 진정성 있는 공감 대화를 지속하기 어렵습니다. 아이 마음을 헤아려 주는 것만큼이나 부모의 감정 표현도 중요합니다.

오뚝이 육아의 공감 기술은 한마디로 감정 핑퐁입니다. 아이의 감정을 읽어 주고, 부모의 감정을 아이에게 말하며 감정을 주고받는 것이지요. 차례로 살펴보겠습니다.

아이의 감정
읽기

장난감이 많은 데도 또 사 달라고 할 때, 다 식힌 음식이 뜨겁다고 할 때, 약속해 놓고 막상 지키지 않을 때 부모는 난감합니다. "장난감 타령 그만!", "하나도 안 뜨거워.", "이게 울 일이야?" 하고 부정과 거부와 금지의 말을 돌려주게 되죠.

[6세] 아이가 광고로 나오는 장난감을 사 달라고 조르는 상황

🧒 "또 장난감 타령이지? 집에 장난감 천지야. 더 사 달라고 하지 마!"

(비난)

[7세] 아이가 다 식힌 음식을 뜨겁다며 뱉은 상황

😮 "뜨겁긴 뭐가 뜨거워. 하나도 안 뜨거워." (감정 부정)

[초1] 게임을 30분만 하기로 했음에도 아이가 계속 더 하겠다고 우겨서 엄마가 게임을 멈췄더니 아이가 우는 상황

😮 "네가 왜 울어? 뭘 잘했다고 울어? 이게 울 일이야? 네가 이러니까 엄마가 게임 안 시켜 주는 거야." (질책)

✳

감정을 읽어 주지 않는 부모가
아이에게 미치는 영향

아이의 감정을 부모가 읽어 주지 않으면, 아이는 어떤 영향을 받을까요?

첫째, 감정 억압을 학습합니다. 감정에 대한 부정적인 피드백을 받으면 아이가 안전하게 마음을 표현할 수가 없어요. 진심을 드러내고 싶지 않아집니다. 어떤 부정적인 반응이 돌아올지 모르니 감추는 쪽이 차라리 편한 것이지요. 감정을 인정받지 못하면 아이는 자신의 감정이 무엇인지, 어떻게 조절하는지 배우지 못한 채 감정

억압을 학습하게 됩니다.

둘째, 감정을 의심하게 됩니다. '울어도 되나?', '화나도 되는 건가?', '이게 힘든 일 맞나?' 하고 자신의 감정에 확신을 갖지 못하게 되는 것이지요. 감정을 의심하는 일이 반복되면 자신을 믿기 어려워요. 자존감도 회복탄력성도 자랄 수 없습니다.

아이가 납득되지 않은 상황에서도, 아이의 감정을 인정해 주는 건 가능합니다. "네 마음이 그렇구나." 하고 끄덕여 주고 받아들여 줄 수 있어요.

[6세] 아이가 광고로 나오는 장난감을 사 달라고 조르는 상황

🧒 "저 장난감이 갖고 싶구나. 그건 알겠어." (감정 인정)
"그런데 집에 이미 비슷한 장난감이 있어. 네가 오랫동안 안 갖고 놀았지. 그것부터 갖고 놀아." (행동 통제)

[7세] 아이가 다 식힌 음식을 뜨겁다며 뱉은 상황

🧒 "뜨겁니? 뜨겁구나. 좀 더 식혀 줄게." (감정 인정)

[초1] 게임을 30분만 하기로 했음에도 아이가 계속 더 하겠다고 우겨서 엄마가 게임을 멈췄더니 아이가 우는 상황

😊 "더 하고 싶었던 거지? 아쉽고 속상하면 눈물이 나지. 다 울고 나서 얘기하자." (감정 인정)

아이는 자신이 무엇을 느끼는지 잘 알지 못합니다. 아이는 감정을 느끼긴 해도 그게 어떤 감정인지 몰라요. 곁에서 아이가 느끼는 감정과 기분을 거울처럼 비추어 주는 역할을 해 줄 사람이 있어야 해요. 아이가 미처 감지하지 못한 막연한 감정을 부모가 곁에서 읽어 줄 때 아이는 자신이 뭘 느끼는지 어떤 기분인지 서서히 이해할 수 있게 됩니다.

음식을 골고루 먹어 보는 경험이 필요한 것처럼, 감정도 골고루 맛보아야 합니다. 긍정적인 감정뿐만 아니라 부정적인 감정도 두루

감정을 부정하는 말	감정을 인정하는 말
"뜨겁긴 뭐가 뜨거워. 하나도 안 뜨거워!"	"뜨겁니? 뜨겁구나. 더 식혀 줄게."
"뭐가 아파? 엄살 부리지 마."	"아프니? 밴드 붙여 줄까?"
"장난감 타령 좀 그만해."	"장난감 갖고 싶은 건 알겠어."
"이게 화낼 일이야?"	"화가 단단히 난 것 같네."
"울지 마. 뚝 그쳐."	"다 울고 나서 얘기하자."
"노는 것만 좋고 공부는 다 싫지."	"공부가 싫을 수 있지. 그건 알겠어."

마주할 기회를 가질 때 아이는 그 감정을 느끼고 알고 배우고 해소하는 법을 터득할 수 있어요. 부모가 아이의 감정을 이해하고 읽어 줄 때 아이는 자연스럽게 감정을 배우고 다스릴 수 있게 됩니다.

✳ 아이의 감정 읽기 노하우

감정을 읽어 주는 문장에 공통적으로 "~구나"가 들어 있다 보니 "구나"만 붙이면 된다고 여길 수 있는데요. 그렇지 않아요. 감정 읽기는 '~구나'라는 감정 메아리만으로 되지 않습니다. 제 사례를 들어 볼게요.

딸아이가 초등학교 4학년 때 안과 검진을 통해 시력이 확 떨어졌다는 사실을 알게 됐습니다. 불과 1년 전만 해도 시력이 1.0이었는데 갑자기 0.3, 0.1로 떨어졌어요. 안경을 써야만 하는 상황이 된 거죠. 저는 아이가 집에 있으면서 유튜브와 게임을 했던 게 떠올랐습니다. 그해가 코로나 첫해였거든요. 안경에 가려진 아이 눈을 보니 마음이 복잡해졌고 집에 오는 차 안에서 내내 한숨을 쉬었죠. 제가 시무룩해 있는 걸 보자 남편이 이렇게 말했습니다.

"기쁨이 안경 쓴 거 보니까 속상하지? 괜찮아. 크면 라식 수술해 주지 뭐."

저를 위로하기 위한 말이었지만 저는 위로받지 못했습니다. 그 말에도 제 마음은 괜찮아지지 않았어요. 왜일까요?

가만히 들여다보니 제 마음속에는 단순히 아이가 안경을 쓰게 된 속상함만 있는 게 아니었습니다. 죄책감이 제일 컸어요. 코로나 이후 지루해하는 아이에게 스마트폰을 쥐여 주었고, 유튜브를 허용한 시간도 급격히 늘어났거든요.

"기쁨이 아빠, 나는 기쁨이가 안경을 쓴 게 속상하기도 한데, 그보다 자꾸 내 잘못 같아 죄책감이 들어. 내가 올해 육아 휴직하고 종일 애들이랑 같이 있었잖아. 스마트폰이랑 유튜브를 많이 봐서 눈이 나빠진 거 같고, 내가 더 신경을 썼어야 했다는 자책이 드네."

"아니야. 애 눈 나빠진 게 무슨 엄마 잘못이야. 타고난 게 크지. 우리 둘 다 눈 나쁘잖아. 유전이야. 자기는 애들 엄청 잘 챙기고 있어. 여보 탓이 아니야."

내 잘못이 아니라는 말, 이 말에 저는 위로를 얻었습니다. 그제야 마음의 짐을 덜 수 있었어요.

'속상함'으로 보였지만 사실 제 진짜 감정은 '죄책감'이었어요. 감정은 복잡하게 뒤섞여 있어서 겉으로 포착이 안 되는 경우가 무척 많습니다. 정확한 감정을 포착하지 못하고 엉뚱한 감정을 읽게 되면, 상대방에게 공감도 위로도 주지 못해요. 어른이라면 "나는 속상함보다는 죄책감이 커."라고 자신의 진짜 감정을 설명하며 대화를 이어갈 수 있지만, 아이들은 이렇게 못하죠.

감정에 정확한 이름을 붙이지 못하면 부모로서는 아이 감정을 읽어 주고 마음을 헤아려 주기 위해 애쓴다 해도, 아이는 공감받았다는 느낌을 갖지 못합니다. '우리 엄마 아빠는 내 마음을 몰라줘.'라고 여길 수 있죠. 부모가 아이의 감정을 정확히 포착해 낼 때 비로소 아이는 공감과 이해와 관심을 느낄 수 있습니다.

✳
아이의 감정을 읽는 네 가지 방법

감정 읽기는 생각보다 쉽지 않아요. 감정 읽기를 잘하기 위해서는 다음의 네 가지를 꼭 기억하고 실천해야 합니다.

첫째, 경청하기

아이가 어떤 감정인지 알려면 우선 아이의 말을 귀담아들어야 해요. 말을 중간에 끊지 않고, 끝까지 듣는 것이지요.

이 책에는 아이와 부모의 대화 사례가 담겨 있는데요. 여러 사례에서 부모가 아이에게 하는 말이 큰 비중을 차지하고 있습니다. 그런데 실제로 저는 아이들과 대화할 때 이만큼 말을 많이 하지 않아요. 책에는 상황 속 구체적 해법을 쓰다 보니 부모가 하는 말의 비중이 높아졌지만, 실제 대화에서 저는 말하고 있을 때보다 듣고 있을 때가 훨씬 많습니다. 아이들이 한 살 한 살 커 가면서 더욱 듣는 시간이 길어지고 있고요.

아이들과 제 관심사가 비슷하지도 않고 애들이 영양가 있는 말만 하지는 않아요. 쓸데없다 싶은 말이 대부분이죠. 하품이 날 만큼 지루한 얘기도 있고, 유치찬란한 농담도 있습니다. 때로는 이치에 안 맞는 말도 있고, 그 속에 생각의 오류도 있습니다. 저도 주관이 뚜렷한 편이다 보니 아이 말을 끊고 반박하거나 교정하고 싶을 때도 있습니다만, 우선은 끝까지 들어 줍니다. 교정과 반박은 아이의 말을 충분히 들어 준 다음에 해도 늦지 않거든요. 경청을 위해서는 부모의 인내가 필요합니다.

특히나 사춘기에 접어든 딸의 경우, 엄마의 의견이 궁금하다고 할 때나 제 지혜를 필요로 할 때에 조언해 주고 있어요. 대개는 끄덕이며 잠자코 들어 줍니다. 듣고 있다 보면 아이가 엄마와 상의하기를 원한다기보다, 그저 자기 이야기를 하고 싶어서 엄마를 찾을 때가 많다는 게 느껴져요.

아이가 자신이 하고 싶은 말을 편안하고 속 시원하게 할 수 있는 안전한 상대가 되어 주고, 말할 기회를 주는 건 굉장히 중요합니다. 자신에게 주목하고 자기 말에 온전히 귀 기울여 주는 사람에게서 아이는 존중을 경험해요. '아, 나를 이만큼 중요하게 여겨 주는 사람이 있구나.' 하고 자신의 가치와 소중함을 깨닫게 되죠. 또 말을 하다 보면 생각이 명확해지고 문제에 대한 해결책을 스스로 찾아 가는 경우도 많습니다.

경청은 아이의 감정 읽기를 위해 꼭 가져야 할 자세이자 회복탄력성과 자존감을 키우는 밑바탕이 된다는 사실을 기억하세요.

둘째, 있는 그대로 받아들이기

아이 감정을 읽을 때 부모의 판단이 들어가지 않도록 유의해야 합니다. 부모의 기준으로 아이 감정을 판단하거나 부풀리거나 축소하는 경우가 적지 않거든요.

받아쓰기 시험에서 한 개 틀렸다고 아이가 아쉬워합니다. 이때 부모가 "90점도 잘한 거야. 잘했어."라고 한다면 어떨까요? 넘어져서 우는 아이에게 "괜찮아. 살짝 까인 거야."라고 하는 건요? 둘 다 부모 기준으로 아이의 감정을 축소시켜 판단한 겁니다. 감정을 있는 그대로 받아 주는 게 필요해요. "100점 맞을 수 있었는데 아깝네.", "넘어져서 아프겠네."라고 하는 것이지요.

아이 감정을 있는 그대로 받아들이기 위해서는 부모가 감정 추론을 잘해야 하는데요. 이때 비언어적 메시지를 살피는 게 큰 도움이 됩니다.

셋째, 비언어적 메시지 살피기

[초4] 잘 시간이 됐음에도 잘 준비를 안 하고 놀고 있는 상황

🙂 "뭐 하고 있어? 지금이 몇 신데, 얼른 양치하고 잘 준비해!"

😊 "아빠, 무서워…. 왜 이렇게 무섭게 말해요?"

🙂 "아빠가 무섭구나. 그렇구나."

아빠가 무섭다는 아이에게 "무섭구나."라는 반응, 무언가 어색하지 않나요? 이렇게 "~구나"라는 감정 메아리만으로는 감정 포착이 안 될 때가 있어요. 아이가 한 말만이 아닌 아이의 표정과 몸짓, 태도와 말투를 잘 살펴야 합니다. 비언어적 요소와 상황은 아이 감정을 읽는 데 중요한 단서가 되거든요.

"눈 깜빡이는 거 보니까 너 놀랐구나. 아빠 목소리가 컸나 보네. 많이 놀랐어?"

아이가 무언가에 몰두하고 있다가 갑작스럽게 양치하라는 소리가 들리니까 소스라치게 놀란 것이지요. 이때 아이가 느낀 감정은 '무서움'이 아닌 '놀람'이에요.

이처럼 비언어적 메시지를 종합해서 감정의 이름을 붙이면 헛다리를 짚지 않을 수 있어요. 의사소통의 오류를 줄일 수 있습니다.

넷째, 질문하기

아무리 봐도 도통 속내를 모르겠을 때가 있지요. 이럴 때는 아이의 감정을 단정 짓지 말고 "슬퍼 보여", "힘든 거 같아."라며 추정과 추측으로 여지를 두는 것이 바람직합니다. 또 아이에게 직접 물어보는 것도 좋은 방법이에요.

"뭔가 불편해 보이는데 왜 그런 건지 엄마가 잘 모르겠다. 네가 얘기해 주면 좋겠어."

"찡그린 거 보니 화가 단단히 난 것 같네. 화난 거 맞아? 많이 화났어?"

"힘들어 보여. 무슨 일 있었어?"

✳

감정을 읽어 주면 아이는 어떻게 자랄까?

부모로부터 감정을 인정받고 이해받은 경험은 아이에게 큰 정서적 자본이 됩니다. 부모가 감정을 읽어 주면 아이는 감정 조절력과 자존감, 대인 관계력을 키워 나갈 수 있습니다.

첫째, 감정 조절을 잘하는 아이

부모가 아이의 감정을 읽어 주면, 아이의 모호했던 감정이 명료

해집니다. 마음속의 뿌연 덩어리가 비로소 선명해져요. '아! 이거였구나!' 하고 감정을 알게 됩니다. 막연히 불편해서 울었는데, 그 눈물이 슬픔인지 억울함인지 아쉬움인지가 뚜렷해지는 것이지요. 감정의 근원과 실체를 알게 되면 그것과 마주할 수 있어요.

감정을 배운 아이는 비슷한 상황을 만나면 마냥 울기만 하지 않을 수 있습니다. "슬퍼요", "억울해요", "아쉬워요."라고 말할 수 있어요. 덮어놓고 울지 않고, 속상하다고 답답하다고 섭섭하다고 말하게 되니 감정 조절도 쉬워집니다.

둘째, 자존감 높은 아이

경험은 감정, 사고, 행동으로 구분할 수 있습니다. 이 중 상황과 관계없이 존중할 수 있는 것이 바로 감정 경험입니다. 생각에도 오류가 있고 행동에도 잘못이 있을 수 있으니 무조건 존중할 수는 없어요. 왜곡된 생각이나 행동 오류는 바로잡아야 합니다.

그러나 감정에는 틀린 게 없어요. 옳은 감정도 그른 감정도 없지요. 아이의 감정만은 부모가 온전히 존중하고 이해해 줄 수 있습니다. 감정 인정은 부모가 아이에게 줄 수 있는 최고의 존중인 셈입니다.

자신의 마음을 온전히 이해해 주는 사람이 있을 때 아이는 자신이 소중한 존재라는 믿음과 세상에 대한 신뢰를 갖게 됩니다. 감정을 이해받으며 자란 아이는 존재에 대한 인정을 경험하고 내가 뭘 잘하지 않아도 괜찮은 소중한 존재라는 생각을 갖게 됩니다.

셋째, 대인 관계가 편안한 아이

자신도 잘 모르는 자신의 마음을 잘 읽어 준 부모를 아이는 좋아하고 잘 따릅니다. 부모와 아이 사이에 탄탄한 신뢰와 유대를 갖게 되는 것이지요.

아이가 부모와 맺는 관계는 다른 인간관계의 근간이 됩니다. 부모와 신뢰를 잘 쌓은 아이는 다른 사람도 대체로 믿을 만하다고 여깁니다. 반대로 부모와의 관계가 안정적이지 못하면 다른 사람과 관계를 맺으며 소통하는 것이 어려워집니다. 부모와 긍정적인 상호작용을 하고 소중한 존재로 인정받으면 다른 사람을 만나도 자신이 소중한 존재로 받아들여질 것이라는 믿음을 갖기 쉬워집니다. 이처럼 감정을 인정받으면서 자란 아이는 부모와의 관계는 물론 다른 사람과의 관계도 순조롭게 형성할 수 있습니다.

오뚝이 육아의 핵심인 긍정적 정서 경험을 위해서는, 아이 말에 경청하고 어떠한 감정이든 온전히 인정하고, 있는 그대로 받아들여 주는 자세가 필요합니다. 또 말만이 아닌 분위기와 몸짓과 같은 비언어적 메시지를 잘 살펴야 해요. 그래도 헷갈릴 때는 아이에게 직접 물어보아야 합니다. 부모의 주관과 판단을 유보하고, 편견 없이 아이의 감정을 수용해 주는 부모에게 아이는 안정감을 느끼고 감정조절력, 자존감, 대인 관계력을 키워 나갈 것입니다.

부모의 감정
말하기

제가 아들 녀석과 식빵으로 티격태격한 사례를 프롤로그에서 언급했지요. 아들은 왜 식빵이 없냐고 하는 것도 모자라 그러면 잼은 왜 샀냐고 반문했어요. 저라면 절대 하지 않을 말이고 남편이나 큰아이에게서도 들어 본 적이 없는 말들을 둘째는 일상처럼 했습니다. 그때마다 저는 너무 피곤하고 힘이 쭉 빠지고, 마음이 흔들거렸어요. 부글부글 끓는 걸 삭히다 멘탈이 너덜너덜해지기도 했고, 어떤 날은 참다 참다 아이에게 화를 내기도 했습니다. 나중에는 대화 자체가 스트레스가 되더라고요. '유치원생인데도 이런데 사춘기에는 어떨까?' 하고 걱정도 됐습니다.

공감은 감정 주고받기입니다. 만약 아이가 던진 공을 마냥 받아

내기만 하면 부모도 지치고 맙니다. 일방적으로 아이 감정을 수용하고 이해하는 것은 한계가 있어요. 아무리 부모라고 해도 아이에게 감정이 상하는 순간이 오기 마련입니다. 부모인 내 감정을 뒷전으로 하고 억누르기만 한 채 무한히 아이의 감정만을 헤아려 줄 수는 없습니다. 부모의 욕구와 감정을 억압한 채 아이 감정만 수용해 주려고 하면 부모도 지칠 수밖에 없어요.

감정을 자연스럽게 아이와 주고받는 게 제일 좋아요. '말해서 뭐해. 그냥 넘어가자.'라며 삭히는 것도, '말 안 해도 알아주겠지.'라는 막연한 기대도, '어른인 내가 참자.'라는 생각도 바람직하지 않아요. 부모가 말하지 않으면 아이는 부모의 마음을 알 길이 없으니까요.

✳
부모가 감정을 표현하면 무엇이 좋을까?

부모가 아이에게 자신의 감정을 표현하면 다음과 같은 유익이 있습니다.

첫째, 부모의 마음을 지킬 수 있습니다. 무언가 안 좋은 감정이 생길 때 그것을 표현하지 않으면 부정적 감정이 쌓이고 커집니다. 상한 감정을 마음에 쌓아 두기만 하면 상처가 아물지 않고 고름이 생겨요. 결국 참다가 욱하고 터뜨리게 되는 일이 생겨요. 적절히 감정을 표현하는 것만으로 부정적 감정이 커지는 걸 막을 수 있습니다. 회복탄력성이 높은 사람은 제때 용기 내어 자신의 감정 표현을 할 줄 압니다. 부당한 일을 당하거나 억울함, 서운함이 들 때 그것을 묵혀 두지 않고 적절한 때에 말로 드러낼 줄 알죠. 그때그때 아이에게 말로 표현하며 털어 내는 것이야말로 부모 마음을 지키는 방법이에요.

둘째, 아이에게 배려와 존중을 가르칠 수 있습니다. 아이들은 자기중심적이에요. 다른 사람의 감정을 모르고 자신의 감정만 앞세우죠. 또 내 마음과 다른 사람의 마음이 다름도 알지 못합니다. 부모가 부모 입장과 감정을 설명할 때 아이도 배울 수 있습니다. 내 마음과 다른 사람의 마음이 다를 수 있고, 뜻하지 않게 다른 사람의 마음을 상하게 할 수 있음을 배울 수 있어요. 아이도 자기 말과 행동에 부모가 어떤 감정을 느끼는지 알면 부모의 입장을 헤아리기 쉬워집니다.

좋은 관계는 상호 신뢰와 존중에 기반을 둡니다. 만약 부모만 일방적으로 아이에게 무한히 공감하며 감정을 귀하게 여겨 주고, 아이는 받기만 한 채 부모에게 함부로 한다면 서로 존중하는 관계라고 할 수 없죠. 아이가 말을 안 듣고 부모를 배려하지 않는 게 계속되면 부모도 아이가 예뻐 보이지 않아요. 부모가 아이를 존중하고 신뢰를 보여 주는 만큼, 아이도 부모를 존중하고 부모의 입장과 감정을 헤아릴 수 있도록 가르쳐야 합니다.

어떻게 가르쳐야 할까요? "입장을 바꿔 생각해 봐. 너라면 어떻겠니?"라는 식의 지시나, "왜 이렇게 이기적이니? 다른 사람 기분은 생각 안 해?"라는 식의 비난은 아이에게 수치심을 줍니다. 스스로가 이기적이며 남을 생각하지 못했다는 것은 알게 되지만, 어떻게 해야 배려하는 사람이 될 수 있는지는 배우지 못해요. 이럴 때는 "네가 다 엄마 탓이라고 말하면 엄마도 속상하고 억울해."와 같이 감정 설명을 하면, 부모 입장을 이해하는 법을 배우고 터득할 수 있습니다.

셋째, 부모와 아이 사이에 유대감을 쌓을 수 있습니다. 화를 터뜨리거나 마음이 상해 무작정 아이를 몰아세우면 아이와 멀어질 뿐이에요. 이러한 일이 계속 반복되면 관계를 망치기 쉬워요. 부모와 아이 사이의 유대감은 저절로 생기지 않습니다. 서로 좋은 말을 하고 좋은 반응을 보이며 관계를 가꾸어 나갈 때 비로소 유대감이 싹트고 뿌리를 내려요. 아이에게 화를 '표출'하는 대신 용기 내어 솔직한 감정을 '표현'할 때, 아이와 마음을 나눌 수 있습니다. 서로를 이해하고 가까워질 수 있습니다.

✳

감정 표현의 두 가지 잘못된 방식

감정을 모르면 감정을 표현하는 것에도 미숙합니다. 감정 표현에 미숙한 부모가 흔히 하는 실수는 두 가지입니다.

첫째, 감정을 느끼는 대로 여과 없이 터뜨리는 것입니다. 처리되지 않은 날것 그대로의 감정을 노골적으로 드러내는 건 아이에게 감정 폭력이 될 수 있어요. 이것은 마치 공을 주고받는 상황에서, 부모가 아이에게 있는 힘껏 강속구를 날리는 것과 같습니다. 체구도 크고 힘도 센 부모가 있는 힘껏 날린 강속구에 아이는 상처를 입을 겁니다. 아이에게는 갑작스럽고 배려 없는 태도예요. 감정 쓰레기통으로 만드는 것이나 다를 바 없습니다. 부모로서도 순간은 후련할지 몰라도 5초 만에 후회가 밀려올 거고요.

둘째, 감정을 억압하는 것입니다. 부모 자신이 느끼는 것을 숨기거나 마냥 억누르는 것도 바람직하지 않아요. 그건 감정 노동이죠. 공을 주고받는 상황에서 아이가 던지는 공을 마냥 받아 내기만 하는 것과 같습니다. 아이가 던진 공을 받아 내느라 이리 뛰고 저리 뛰며 숨차게 헉헉대면서도 아이 쪽으로 공을 던지지는 못합니다. 아이가 상처받을까 봐, 죄책감을 느낄까 봐, 마음이 다칠까 봐 아이 쪽으로 아예 공을 줄 생각도 못 하는 것이지요.

감정을 적당히 포장하거나 괜찮은 척하는 건 관계 유지에 도움이 될 수 있지만 오래 지속될 수 없어요. 우리의 정서적 에너지는 한정되어 있으니까요. 집에서까지 감정을 드러내지 않고 가면을 쓴다면 감정적으로 피로해질 수밖에 없습니다.

감정을 필터링 없이 쏟아 내는 것도, 아예 감추는 것도 모두 감정 표현에 미숙한 것입니다. 양극단 사이의 중간 지점에서 감정 주고받기를 할 수 있어야 합니다. 아이의 감정을 받아 내고 부모의 감정도 아이 쪽으로 줄 수 있어야 해요. 아이와 주거니 받거니 왔다 갔다 하는 것이지요.

여러 가지 면에서 성숙도에 차이가 있는 부모와 아이가 서로 원활하게 공을 주고받으려면, 먼저 부모가 아이에 대해 알아야 합니다. 아이가 어느 정도의 세기와 속도의 공을 받아 낼 수 있는지, 어느 정도 거리를 유지하면 되는지를 알고 그것에 맞춰 주어야 해요. 아이가 받아 낼 수 있는 언어와 방식으로 부모의 감정을 표현하는 것이지요. 또 상황에 따라 수용 가능한 감정의 범위를 알고, 이에 맞게 조정하고 조율하는 유연성이 필요합니다. 내가 느끼는 감정을 아이가 어렵지 않게 받아들일 수 있도록 정제하여 드러내야 합니다.

아이의 감정이 소중한 것처럼, 양육자의 감정 또한 소중합니다. 부모의 감정을 아이에게 잘 전달하여 아이 역시 부모의 감정을 존중하도록 만들어야 합니다. 그래야 아이와 긍정적인 상호 작용을 지속할 수 있어요. 화내지 않고 소리 지르지 않고 상황 속 불편함, 서운함, 실망감을 적절히 나타낼 때 그 감정을 잘 흘려보낼 수 있습니다. 감정을 적절히 표현할 때 부정적 감정을 다스리며 긍정적인 걸 주고받을 수 있어요.

✳
부모 감정을 말하는 법
"네가 A할 때, 엄마 마음은 B야."

"부모가 아이에게 감정 표현을 해도 되는 건가요?"

"엄마의 감정을 솔직하게 말해도 괜찮을까요?"

"아이에게 죄책감을 주는 건 아닐까요?"

이러한 의문을 가지는 분들도 계세요. 부모의 감정을 솔직하게 말해서 괜히 아이에게 죄책감을 주는 게 아닐까 염려하는 것이지요.

죄책감을 주는 감정 표현

"엄마 화나게 얘가 왜 이래?"

"어이가 없다."

"너 보면 답답해 죽겠어."

"너라면 짜증이 안 나겠어?"

밑도 끝도 없이 부모가 자신의 감정을 드러내면 아이는 죄책감을 느낄 수 있어요. 부모가 왜 화나고 왜 속상하고 왜 짜증이 났는지 이유를 모르기 때문입니다. 왜 화났는지 명확한 이유를 설명해 주지 않으면 아이에게 "너 때문에 엄마가 화나.", "너 때문에 엄마가 짜증 나."라는 메시지로 전해집니다. 인과관계에서 원인이 빠져 있을 때, 결과를 자기 탓으로 돌리는 겁니다.

이처럼 이유와 대상이 없는 부모의 감정 표현은 아이에게 죄책감을 심어 줄 수 있습니다. 부모의 불편한 감정의 원인이 되는, 대상의 한계와 범위가 없는 비난에 자주 노출되면 아이는 말과 행동의 문제를 자신의 존재적 문제로 증폭시켜 받아들일 수 있습니다. '내가 문제야.', '나는 왜 이 모양일까.', '나는 잘하는 게 하나도 없어.'라고 여기는 것이지요. 이처럼 부정적인 메시지는 아이의 자존감을 떨어뜨려요. 자기를 부정적으로 보게 되죠.

바람직한 감정 표현

그러면 어떻게 해야 할까요? 감정을 말하되, 적절한 방식으로 해야 합니다. 다음의 두 가지를 모두 담아야 하는데요. 바로 부모의 감정, 그리고 왜 그렇게 느꼈는지입니다.

"네가 A할 때, 엄마 마음은 B야."

부모가 어떤 마음인지 '명확한 감정의 언어(B)'로 말하고, '감정의 원인(A)'을 설명하는 게 핵심입니다. 당황스러울 때는 "너의 그러한 행동에 엄마는 당황스러워."라고 말하고, 속상할 때는 "그렇게 말하면 엄마도 마음이 상해."라고 하는 거죠. 아이의 특정한 말과 행동에 대해, 엄마 마음은 이러하다고 말하는 것입니다.

👩 "너와 보드게임 하는 건 좋은데 네가 졌다고 게임판을 엎으면(A),

엄마도 마음이 상해(B)."

"다 엄마 때문이라고 하면(A), 엄마도 당황스러워(B)."

감정을 불러일으킨 원인 설명하기

아이의 마음을 지키며 부모의 불편한 감정을 전하기 위해서는 감정의 원인이 되는 대상을 명확히 해야 합니다. '아이' 때문이 아니라 '아이의 말이나 행동' 때문임을 한정하고 특정하는 것이지요.

"네가 다 엄마 때문이라고 하면~"

"네가 약속을 정해 놓고 막상 지키지 않으면~"

"네가 문을 쾅 닫고 들어가면~"

감정의 원인을 분명히 밝히는 것입니다. 아이라는 사람의 문제가 아닌 행동의 문제로, 아이의 전부가 아닌 일부의 문제로 제한하게 되면 아이는 일부를 전체로 증폭시키지 않을 수 있습니다. 죄책감을 느끼지 않아요.

'나 때문에 화가 난 게 아니라, 내가 한 이 행동 때문에 엄마가 화

가 났구나.'

'내가 문제가 아니라 내가 한 말이 문제구나.'

'내가 이렇게 말하면 엄마가 속상하구나.'

'내가 이런 행동을 할 때 엄마는 당황스럽구나.'

엄마가 마음이 상한 건, 나라는 사람의 문제가 아닌 내 말과 행동의 문제이며, '전부'가 아닌 '일부분'이라는 것을 아이가 구분할 수 있어야 합니다. 그래야 아이가 자기 존재에 대한 흔들림 없는 확신을 가질 수 있습니다.

부모의 마음을 감정 단어로 설명하기

[6세] 아이가 블록 놀이를 하고 정리를 안 하는 상황

"나 힘들어. 정리하기 싫어… 엄마가 해 줘."

"네가 같이 치운다고 약속했잖아. 왜 약속을 안 지키고 또 엄마한테 미뤄?" (비난)

"어지르는 사람 따로, 치우는 사람 따로야?" (핀잔)

"안 치우면 갖다 버린다." (협박)

"잔말 말고 얼른 치워!" (명령)

비난, 핀잔, 협박, 명령 어디에도 감정을 설명하는 어휘가 없습니다. 감정을 감정의 언어로 말하지 못한 채, 비난의 말을 할 때가 많아요. 이렇게 말하면 아이는 부모가 어떤 감정인지 알 수 없어요. 그저 부정적인 느낌만을 주고받을 뿐이죠. 감정은 감정을 나타내는 단어로 설명해야 합니다.

> **[6세] 아이가 블록 놀이를 하고 정리를 안 하는 상황**
>
> 🧒 "치우려니 막막하지?" (아이 감정 읽기)
> "네가 재미있게 노는 거 보면 좋은데, 엄마 혼자 치우려고 하면 엄마도 마음이 뾰족해져." (부모 감정 말하기)

감정을 설명하는 어휘는 다양합니다. 기쁜, 든든한, 만족스러운, 상쾌한, 뿌듯한, 여유로운 등의 긍정적인 감정을 나타내는 단어부터 못마땅한, 괘씸한, 곤란한, 귀찮은, 서러운, 후회스러운, 절망적인 등 부정적인 감정을 나타내는 단어까지, 여러 가지가 있습니다.

그런데 이러한 감정을 설명하는 형용사가 아이에게 어렵게 느껴질 수 있어요. 감정 어휘가 아이의 연령과 수준에 맞지 않으면 아이에게는 와닿지 않아요. 따라서 유아부터 초등 저학년까지의 연령이라면 감정 형용사보다는 비유로 나타내는 게 좋습니다. 색깔이나 모양, 숫자, 온도에 빗대어 감정을 설명하는 것이지요.

> 👩 "네가 그렇게 말하면 엄마 마음이 뾰족해져." (모양에 비유)
>
> "지금 엄마 기분이 파랑이야. 엄마가 슬퍼." (색깔에 비유)
>
> "정리해서 깨끗해지니 뾰족했던 마음이 동그랗게 바뀌었어! 엄마 마음이 솜털처럼 가벼워졌어." (대상에 비유)
>
> "지금 엄마 화가 오른 게 60도쯤이야. 펄펄 끓기 전에 방에서 식히고 올게." (온도에 비유)

말하지 않아도 알 것 같지만 실제로 아이들은 말하지 않으면 부모가 왜 화가 난 건지, 갸우뚱합니다. 감정의 이유를 설명해 줄 때 비로소 이해하고 자신의 탓으로 돌리지 않을 수 있습니다.

✳
실생활 적용
"네가 A할 때, 엄마 마음은 B야."

[6세] 하원 후 아이가 책가방을 신발장에 벗어 둔 상황

> 👩 "가방 제자리에 두고, 식판 꺼내자!"

😠 "아, 싫어. 귀찮아."

😊 "그럼 내일 그냥 들고 가. 더러운 식판에 먹어야지 뭐." **(비아냥)**

"가방 현관에 두면 동생이 신발 신을 때 밟는다." **(협박)**

"네 잘못이니 동생한테 뭐라고 하지 마." **(죄책감 유발)**

⬇

😊 "집에 오면 쉬고 싶지? 가방이랑 식판 정리가 번거로울 거야." **(아이 감정 읽기)**

"<u>네가 가방을 현관에 벗어 두면</u> (A, 감정의 원인 설명) 동생이 밟고 그래서 싸우게 될까 봐 <u>엄마가 신경이 쓰여</u> (B, 감정 말하기). 또 네 물건은 스스로 정리하는 게 좋기도 하고. <u>네가 식판 꺼내 주면</u> (A, 감정의 원인 설명) <u>엄마도 한결 수월해질 거 같아</u> (B, 감정 말하기)."

"가방이랑 식판 꺼내 놓고 우리 재미있게 놀자."

[초1] 누운 지 1시간이 지났는데 아이가 안 자고 말을 거는 상황

😠 "이제 그만 말해." **(경고)**

"열 셀 거야. 눈 감아." **(협박)**

"얼른 자." **(명령)**

⬇

👧 "엄마랑 더 얘기하고 싶어?" (아이 감정 읽기)

"그런데 10시가 가까워지면 (A, 감정의 원인 설명) 엄마가 마음이 조급해져 (B, 감정 말하기). 그때부터 키 크는 호르몬이 나온다고 하거든. 너와의 얘기가 엄마도 즐거운데 10시 전에는 잤으면 좋겠어."

[초2] 아이가 안내장 제출을 깜빡한 걸 저녁에 안 상황

👩 "안내장이 가방에 그대로 있네. 정신을 얻다 놓고 다녀?" (질타)

👦 "깜빡했어요. 내일 학교 가서 내면 되는데 왜 화내요?"

👩 "화가 나지, 안 나겠어? 네가 까먹은 게 어디 한두 번이야?" (비난)

👩 "이번 안내장은 선착순이라, 늦게 내면 체험 활동에 못 가게 될까 봐 (A, 감정의 원인 설명) 엄마가 신경이 쓰인다 (B, 감정 말하기)."

"내일은 잊지 말고 선생님께 드려."

감정 주고받기는
사랑 주고받기다

아이 감정 읽기

🙂 "식빵이 먹고 싶어? 없으니까 아쉽구나."

부모 감정 말하기

🙂 "근데 왜 식빵이 없냐고 하니까 (A, 감정의 원인 설명) 엄마 마음이
상한다 (B, 감정 말하기). 꼭 혼나는 거 같거든."
"넌 그저 식빵이 없어서 아쉽다는 건데, 엄마가 꼭 야단맞는 기분
이야."
"식빵을 못 주니 (A, 감정의 원인 설명) 속상하고 (B, 감정 말하기). 엄마
가 이따 사 놓을 테니까 학교 다녀와서 먹어."

저는 감정 표현을 많이 안 하고 살아온지라 아이에게 제 감정을 적절히 정제해서 표현한다는 게 참 어려웠어요. 이렇게 공식화하여 정리하기까지는 많은 생각과 고민이 필요했죠.

그렇지만 아이와 감정을 나누는 과정은 저에게 큰 보람이고 기쁨이었습니다. 아이에게 제 마음을 말하자 아이의 반응이 달라졌거든요. 아이는 더 이상 "왜 식빵이 없어요?", "그럼 잼은 왜 산 거예요?"라고 반문하지 않았습니다. 부정적인 말을 주고받는 대화를 멈출 수 있었지요.

저는 궁금했습니다.

'도대체 왜일까?'

'엄마가 속상하다는 걸 안다고 해도, 둘째 녀석의 불편하고 아쉬운 감정이 없어지지는 않았을 텐데, 아이는 어떻게 자신의 아쉬움과 불편함을 엄마에게 말로 돌려주지 않을 수 있었을까?'

저는 이것이 사랑이라고 봅니다. 사랑의 힘이죠. 아들이 엄마를 사랑하기 때문입니다. 엄마 마음을 아프게 하고 싶지 않은 것입니다. 자신의 말과 행동이 사랑하는 엄마를 언짢게 하고 힘들게 한다는 걸 알고 나면, 아이도 자신의 행동을 고치려고 합니다.

부모가 아이를 사랑하는 것처럼 아이도 부모를 사랑합니다. 부모가 아이에게 상처 주고 싶지 않은 것처럼 아이도 그렇습니다. 서로의 감정을 주고받는 공감 대화는 결국 사랑을 주고받는 과정인 셈입니다.

감정을 주고받는 공감 대화가 효과적인 의사소통의 방법이긴 하지만, 모든 인간관계에 통용된다거나 모든 사람과 이렇게 해 보라고 권하는 건 아닙니다. 그러나 내가 진심으로 아끼고 사랑하는 사람이라면 감정 주고받기를 꼭 해 보시라고 말씀드리고 싶어요. 내가 정말 사랑하는 사람, 소중히 여기는 누군가, 오래도록 지키고 싶은 관계에서라면 감정 핑퐁은 필수예요. 왜냐하면 어떤 관계든 마찰이 있게 마련이거든요. 그때마다 감정을 내보이지 않고 괜찮은 척 숨기거나, 좋은 게 좋은 거라고 얼렁뚱땅 넘어가는 일이 반복된다면 소중한 사람과의 관계도 좋게 유지되기 어렵습니다. 갈등을 직면하여 내가 어떤 감정인지 말하고 상대방이 어떤 감정인지 이해하는 감정 교류를 할 때 갈등의 꼬인 실타래를 풀어 나갈 수 있어요.

감정 주고받기는 소중한 관계를 발전시키고 단단히 뿌리 내리게 하는 자양분이 됩니다. 아이의 감정을 인정하는 동시에 부모인 내 마음을 적절히 아이에게 설명하는 것이 필요합니다.

공감력이 뛰어난 부모는 아이와 감정적 유대감을 형성하고, 아이의 감정에 민감하게 반응하며, 동시에 자신의 감정을 이해하고 전달할 줄 압니다. 공감의 근육은 공감을 받은 경험 그리고 능동적으로 타인의 감정에 공감하는 경험을 통해 생겨요. 공감의 근육은 쓸수록 탄탄해집니다. 부모는 감정 핑퐁을 통해 아이가 공감 근육을 쓸 기회를 제공해야 합니다.

공감에 대한 오해
바로잡기

부모의 잘못이 아님에도 아이에게 사과하는 경우가 있어요. 하지만 이것은 공감이라고 할 수 없어요. 아이의 불편한 감정을 부모가 대신 해결해 주는 '감정 해결'일 뿐입니다.

[7세] 부모의 대화에 막무가내로 끼어드는 상황

😊 "엄마는 아빠랑만 얘기하고, 아빠는 엄마랑만 얘기해! 내 얘기는 아무도 안 들어 줘!"

😊 "미안, 미안! 아빠, 엄마랑 얘기 그만할게! 이제 네 얘기 들어 줄게."

분명 아이를 위한 말이고 행동이겠지만, 아이의 심리적 성장에는 도움이 되지 않아요. 때로는 힘들고 하기 싫어도 참아야 하는데, 부모가 감정까지 해결해 주면 아이는 힘들 때 견디는 법과 감정을 처리하는 법을 배우지 못합니다. 부모를 만만히 여겨 투정이나 어리광을 부리고, 심하면 함부로 하기도 해요. 또한 감정을 조절하고 다루는 법을 배우지 못하기 때문에 고통에 취약해집니다. 학교에서 선생님에게 꾸지람 듣는 것도 잘 견디지 못하고, 그것을 비난으로 받아들여 크게 상처 입는 일도 생깁니다. 온실 속 화초처럼 자라게 되는 것이지요. 공감이라고 생각할 수 있지만, 실은 정서적 과잉보호인 셈입니다. 아이가 상처받는 걸 부모가 못 견디는 거죠. 아이가 슬퍼하고 실망하는 모습을 보는 게 부모에게 고통이다 보니 아예 좌절을 겪지 않도록 막아서는 것입니다.

이처럼 부모가 대신 감정을 해결해 주면 아이는 삶에서 반드시 마주치게 되는 고통과 어려움을 다루는 법을 배우지 못합니다. 감정 해결은 공감이 아닙니다. 감정적 어려움을 이겨 낼 내면의 힘을 북돋워 주는 것이 공감이에요. 감정의 주인은 아이이고, 감정에 대한 책임 역시 감정의 주인인 아이의 몫입니다.

우리는 아이가 겪는 감정적 어려움을 막아 줄 수도 없고 대신 해결해 줄 수도 없어요. 그렇지만 그것을 다루고 대처해 나갈 힘을 줄 수는 있습니다. 아이는 부모의 생각보다 강합니다. 아이 마음은 외부의 자극에 빵 터져 버리는 풍선처럼 약하지 않아요. 때로 힘없이 주저앉을지라도 공기를 주입하면 다시 팽팽해지는 공처럼 단단합니다. 아이에게는 고통과 시련과 상처를 회복할 수 있는 내적 자원이 있습니다. 그러니 상처를 막아 주지 않아도, 감정을 해결해 주지 않아도 됩니다.

공감에 대한 오해 바로잡기

공감은
아이의 감정을
해결해 주는
것이다.

→

공감은
감정적 어려움을
이겨 낼 내면의 힘을
주는 것이다.

넘치지도

모자라지도
않은 공감

아이 감정 읽기

감정 거부	"질 수도 있고 이길 수도 있는 거지. 이게 울 일이야? 네가 울 일이 아니야. 그만 뚝 해!"	부족한 공감
감정 수긍	"져서 속상했구나. 속상하면 눈물이 나지. 울고 나서 얘기하자. 다 울고 나서 엄마한테 와."	적절한 공감
감정 해결	(아이가 우는 상황을 만들지 않기 위해 일부러 게임에서 져 준다.)	지나친 공감

부모 감정 말하기

쏟아 붓기	"엄마 아빠 얘기하고 있는 거 안 보여? 어른들 얘기 중에 끼어드는 거 아니라고 했잖아. 몇 번을 말해. 기다려."	부족한 공감
정제해 말하기	"네 얘기 안 들어 줘서 서운해? 그런데 아빠도 좀 서운하네. 네가 엄마 아빠의 대화 시간을 소중히 여기지 않는 것 같거든. 아빠가 엄마랑 얘기할 때는 끝날 때까지 기다리는 거야."	적절한 공감
억압 하기	"네 얘기 안 들어 줘서 서운해? 아빠가 미안해. 아빠, 엄마랑 얘기 그만할게."	지나친 공감

2장

오뚝이 육아,
부모의 가르침이
중요합니다

공감만 해 주면 된다? NO!

1장에서 공감의 중요성에 대해 알아봤습니다. 그렇다면 부모가 공감만 잘하면 아이의 자존감과 회복탄력성이 높아질까요? 그렇지 않습니다.

아이가 엘리베이터 안에서 뛰는 상황, 식당에서 방석을 밟고 돌아다니는 상황을 떠올려 보세요. 식당에서 돌아다니고 싶어 하는 아이 마음에 공감해 주고, 엘리베이터에서 뛰고 싶은 욕구를 인정해 주기만 한 채 아이를 통제하지 않는다면 어떨까요? 이것은 명백한 방임입니다. 넘어져도 일어서는 오뚝이 같은 아이로 키우기 위해서는 공감과 함께 가르침을 주어야 해요. 공감과 가르침은 오뚝이 육아의 기반이 되는 두 가지 축입니다. 부모가 상황을 민감하게 살펴 공감과 가르침의 균형을 맞추어야 합니다.

공감과 가르침의 균형

"엄마는 네 편이야."

온정적이고 공감적인 말이지만, 아이가 잘못된 행동을 한 상황에서라면 적절치 않아요. 부모가 아이 편이 돼 주라는 건, 아이가 속내를 말할 수 있도록 안전한 울타리가 돼 주라는 것이지, 아이의 잘못을 편들어 주라는 게 아니니까요.

"아빠는 너를 믿어."

이 말 역시 상황에 따라 다릅니다. 아이가 서툴더라도 앞으로 잘할 거라고 믿고 기다려 주는 건 바람직합니다. 하지만 아이의 잘못된 행동을 교정하지 않고 눈감아 주거나, 내 아이가 그럴 리 없다고 부정한다면 그건 믿음의 눈이 아니라 왜곡된 시선입니다.

공감이 꼭 필요한 상황이 있지만, 즉각적인 통제를 해야 하는 상황도 있어요. 아이가 위험하거나, 남에게 피해를 주는 행동을 한다면 즉시 제지하고 훈육해야 합니다. 해도 괜찮은 행동과 해서는 안 되는 행동을 분별하여 가르쳐 주는 것이지요. 자신의 행동이 다른 사람에게 피해를 줄 수 있다는 걸 알 권리가 아이에게 있고, 그걸 가르칠 책임이 부모에게 있습니다. 어릴 때 배우지 못하면 커서도 깨닫기 어려워요. 만약 잘못을 바로잡지 않은 채 오냐 오냐 받아주기만 한다면 그것은 '공감 잘하는 부모'가 아닌 '무책임한 부모'입니다.

혼자가 아닌 함께 잘 사는 아이

넘어져도 일어서는 오뚝이 같은 아이는 혼자 사는 아이가 아니라 다른 사람과 함께 잘 지낼 줄 아는 아이입니다. 난관을 마주할 때 혼자 버티는 게 아닌, 도움을 주고받을 줄 아는 아이예요. 관계 속에서 자존감과 회복탄력성을 지키고 사는 것이지요. 아이는 자기중심적이기에 다른 사람을 배려하고, 규칙을 지켜야 함을 스스로 터득하지 못합니다. 아이가 더불어 행복한 사회인으로 살아가기 위해 반드시 알아야 할 질서와 규범을 부모가 가르쳐야 합니다. 오뚝이 육아, 부모의 가르침이 중요합니다.

아이에게
적절한 해법 제시하기

[6세] 도미노를 세우던 중 팔꿈치로 하나를 건드려 주르륵 쓰러진 상황

👦 "엄마 때문이야. 엄마 미워!"

👩 "왜 말을 그렇게 하니? 걸핏하면 엄마 때문이래." (면박)

"너는 남 탓하는 게 습관이야." (증폭)

"네 잘못은 없어? 왜 인정을 안 해?" (추궁)

"남 탓 좀 그만해!" (금지)

[7세] 엄마의 물음에 답을 하지 않는 상황

👦 "시리얼 먹을래? 주먹밥 먹을래?"

"왜 말을 그렇게 하니?"

"그런 말 하는 거 아니야."

"말을 그렇게밖에 못 해?"

"엄마한테 무슨 말버릇이야?"

"내 얘기 안 들려? 얘가 왜 이래?"

부모가 이런 반응을 보이면 아이는 자신이 잘못하고 있음을 알게 됩니다. 그러나 어떻게 해야 하는지는 알지 못합니다. 말 속에 문제는 있지만 해결 방법이 빠져 있기 때문입니다.

문제집을 풀다가 틀린 문제가 있을 때, 오답 풀이를 하지 않고 그냥 넘어간다면 아이는 시험에서 비슷한 문제를 또 틀리고 맙니다. 마찬가지로 문제 상황을 알더라도 그것을 개선할 방법을 모른다면 문제에 머물 수밖에 없습니다. 비슷한 상황에 처했을 때 잘못된 말과 행동을 반복하게 되죠. 또 '이렇게 하지 마', '이러면 안 돼', '이렇게밖에 못해?'라는 부정적인 피드백을 반복적으로 들으면 '내가 문제야.'라고 문제를 존재로 증폭시켜 받아들일 수 있어요. 아이의 자존감이 떨어지죠. 이것은 좋은 가르침이 아닙니다.

모든 문제집에는 해설과 모범 답안이 있습니다. 그걸 보고 아이가 채점하고 해답을 찾아가는 것이지요. 부모도 아이에게 적절한 해설과 모범 답안을 주어야 해요. 문제에 대한 적절한 해법을 주어야 좋은 가르침입니다.

'잘못'이 아닌 '잘못을 개선할 방법'을 일깨우는 것에 관심을 기울여야 합니다. 또다시 문제 상황과 마주하면 어떻게 대처하고 대응해야 하는지 방법을 알려 주는 것이지요. 그래야 아이가 배우고 고치고 성장해 나갈 수 있어요.

[6세] 도미노를 세우던 중 팔꿈치로 하나를 건드려 주르륵 쓰러진 상황

"엄마 때문이야. 엄마 미워!"

"애써 세웠는데 도미노가 쓰러지니까 속상하지." (아이 감정 인정)
"그런데 다 엄마 때문이라고 하면 엄마도 당황스러워. 속상하기도 하고." (부모 감정 설명)
"그럴 때는 "속상해요."라고 하면 돼. 그러면 엄마가 너를 안아 주고 위로해 줄 거야." (해법 제시)

여러 번 물어도 아이가 묵묵부답이면 부모도 답답합니다. 무시당하는 것 같아 언짢아져요. 그런데 아이가 왜 대답하지 않는지를 먼저 살펴야 합니다. 딴생각하느라 못 들은 것일 수 있거든요. 만약 그렇다면 눈을 마주치며 주의를 돌려야 하죠. 또 들었는데 생각이 정리되지 않아 대답하지 못하는 거라면, 아이에게 가르쳐 주고 시간을 주면 됩니다. 아이들은 "생각 중이에요.", "잠시만요.", "잠깐만 시간을 주세요."라는 말을 좀처럼 못합니다. 아들의 경우 더욱 그렇지요. 질문을 듣고 곧바로 대답하지 못할 때, 상대방에게 전후 상황과 사정을 설명해야 함을 아이들은 잘 알지 못해요. 상황에 대처하는 적절한 해법을 가르쳐 주어야 합니다.

금지하는 건 사실 쉬워요. "안 돼!" 한마디면 되니까요. 반면 금지하는 말과 행동을 대체할 대안과 해법을 찾는 건 어렵고 번거롭습니다. 부모가 생각하고 고민해야 하죠. 어렵지만 고민을 거쳐 적절한 대안과 해법을 찾아 가르칠 때 아이가 잘 배울 수 있어요. '아, 이런 좋은 방법도 있구나. 앞으로는 이렇게 해 봐야겠다.'라고 깨닫고 변화하려는 마음을 먹을 수 있습니다. 아이의 변화를 이끄는 건 금지와 명령이 아닌 적절한 대안과 해법입니다.

✳

해법을 주지 못하더라도

[고1] 진로 결정의 난감함과 어려움을 부모에게 토로하는 상황

🧑 "잘 고민해 봐. 엄마는 너를 믿어."

"네가 좋으면 엄마도 좋아."

"네가 충분히 생각해서 결정했겠지. 뭐든 알아서 야무지게 하잖아."

객관적인 정보와 구체적인 가이드가 절실한 상황에서 부모가 아이에게 위와 같이 말한다면 어떨까요? 긍정적이고 공감 어린 표현임에도, 두루뭉술하고 막연한 대답에 아이는 답답해지고 말 것입니다. 뭔가 해소가 안 되는 느낌이죠. 듣기에는 좋은 말이지만 뚜렷한 해결책이 담겨 있지 않기 때문에 의지가 안 됩니다.

비단 진로 문제뿐만 아니라 대학 입시나 대인 관계, 결혼처럼 인생에 커다란 영향을 미치는 중요한 결정을 앞두고 아이에게는 믿음과 격려만이 아닌 현실적인 조언과 실질적인 가르침이 필요해요.

만약 부모도 잘 알지 못해 아이에게 딱히 해줄 말이 없다면, 공부하고 고민해 봐야지요. 아이와 함께 치열하게 생각하고 대화해야 합니다. 답답하고 막막한 아이에게 구체적인 조언과 명확한 안내를 주는 게 가장 좋아요.

그러나 대화의 과정에서 뚜렷한 답이 도출되지 않는다 하더라도 괜찮습니다. 아이의 고민을 기꺼이 나누고자 함께 애쓰는 부모의 마음이 전달되는 것만으로 아이는 일어서서 앞으로 나아갈 힘을 얻습니다.

아이에게
명확하게 설명하기

초1 아이가 차 뒷좌석에 타면서 문을 제대로 닫지 않았습니다. 주행 중에 문이 안 닫힌 걸 안 아빠가 아이에게 말합니다. "뒷좌석 문이 제대로 안 닫혔네." 이 말을 들은 아이가 이렇게 대답합니다. "문 안 열리게 제가 손으로 꼭 붙잡고 있을게요."

어른이라면 다 알겠지만 아이는 가르쳐 주지 않으면 몰라요. 아이는 맥락적 이해에 서툽니다. 어떤 상황에서 어떻게 행동하는 게 좋은지, 무엇이 옳고 그른지 분별하지 못해요.

아이가 차 문을 다시 열어 꽉 닫지 않고 문을 꼭 붙잡고 있었던 이유는 부모의 지시가 모호했기 때문이에요. 부모가 제대로 가르쳐 주지 않은 거죠. "문이 제대로 안 닫혔네."라는 말은 상황을 알리는 말일 뿐, 어떻게 해야 하는지 명확한 안내가 없어요. 사실 주행 중에 자동차 문을 다시 닫으려면 차가 쌩쌩 달리지 않고 양쪽에 다른 차가 없는 타이밍을 잡아야 합니다. 여러 요소를 고려한 종합적 사고를 해야 하니 아이 스스로 해내기 어려워요. 이때 부모가 차를 안전한 곳에 정차해 놓고 "뒷좌석 문을 살짝 열었다가 세게 닫아 봐!"라고 명확하게 설명한다면 아이는 가르침대로 해낼 수 있습니다.

✳

명확한 설명

> **[6세] 유치원 등원 준비를 하는 맞벌이 가정의 아침 시간**
>
> 🧒 "멍 때리고 있을 시간이 어딨어? 빨리 밥 먹어." (채근)
> "여태 옷도 안 갈아입고 있으면 어떻게 해? 잠옷 입고 갈 거야?" (비아냥)
> "얼른 양치해." (재촉)

채근, 비아냥, 재촉, '빨리', '얼른' 모두 명확하지 않습니다. 이러한 말로 아이는 그저 자신이 빨리하지 못하고 있다는 사실을 알 뿐이죠. 이럴 때는 기한을 알려 주는 게 훨씬 명확합니다. 정확한 시간,

명확한 숫자로 한계를 제시해 줄 때 아이는 늦지 않는 시간이 언제인지 예상하고 그 안에서 자율성을 발휘해 준비할 수 있습니다.

> **[6세] 유치원 등원 준비를 하는 맞벌이 가정의 아침 시간**
>
> 👩 "지금 8시 10분이야. 준비할 시간 20분 있어." (한계 명확화)
> "10분 남았어. 속도를 내야 할 거 같네." (한계 명확화)
> "엄마 출근 시간이 다 돼서, 5분 안에 못 먹으면 치우고 가야 해."
> (이유 설명)

※
질문을 통한 명확화

아이가 밥 먹은 지 얼마 안 돼서 갑자기 배가 아프다고 합니다. 이때 아이에게 뭐라고 하시나요? 윗배인지 아랫배인지, 속이 더부룩한 건지 콕콕 쑤시는 건지 물어볼 겁니다. 조금 아픈 건지 못 견디게 아픈 건지도 물을 거예요.

아프다는 말은 너무 광범위하고 모호하기 때문이에요. 단순히 아프다는 말만으로는 어느 병원에 가야 할지, 무슨 과에 가야 할지 정할 수 없습니다. 이럴 때는 구체적인 질문과 대답을 통해 아이의 아픈 증상에 대한 명확한 정보를 알 수 있어요. 어디가 아픈지, 어떻게 아픈지, 얼마나 아픈지 알아야 병원에 데리고 갈지, 소화제를 줄지, 온찜질을 해 줄지, 적절한 대응 방법을 결정할 수 있습니다.

이처럼 질문은 모호한 생각을 구체화하고 명확화하는데 유용한 도구입니다. 질문을 던짐으로써 아이의 생각을 명확히 알 수 있어요. 이렇게 하거나 저렇게 하라는 지시를 반복하는 것보다 한 번의 질문이 효과적일 때도 있습니다.

[초2] 숙제가 힘들다고 투정을 부리는 상황

🧒 "어떤 부분이 힘들어? 양이 많아서 벅차다는 거야, 아니면 지금 푸는 문제가 어렵다는 거야?" (질문)

"이제 한 장만 더 하면 끝인데, 힘내서 해 볼까? 아니면 잠깐 쉬었다 할래?" (질문)

＊

질문을 통한 자각

아이가 알고 있을 만한 사실이라도 그걸 아는지 확인하는 질문을 던지는 것 또한 효과적인 가르침 방식입니다.

[7세] 통화 중인 엄마에게 계속 말을 거는 상황

👩 "엄마 전화하는 거 안 보여?" (비난)

"급한 거 아니잖아. 나중에 말해도 되잖아." (짜증)

"통화 중일 때는 기다리는 거야. 끝나고 얘기해." (명령)

[7세] 통화 중인 엄마에게 계속 말을 거는 상황

👩 "엄마랑 얘기하고 싶구나." (아이 감정 읽기)

"그런데 엄마가 통화 중일 때는 어떻게 해야 할까?" (질문)

👦 "기다려야 해요." (자각)

👩 "그래, 맞아. 기다리는 거야. 통화 끝나면 엄마가 네 얘기 들어 줄 거야."

기다려야 한다는 걸 엄마가 말해 주지 않고 아이 스스로 말할 때 비로소 아이는 '자각'합니다. 자신이 뭘 해야 하는지 아는 것이지요. 아이는 떼를 쓸 때 자신이 뭘 하는지 잘 알지 못합니다. 그저 원하는 걸 얻어 내는 것에만 매몰되어 있어요. 자각은 아이의 뇌를 깨웁니다. 스스로 알아차리는 것, 자각이야말로 아이를 배우고 깨닫게 하는 출발점이 됩니다.

자각을 통해 아이는 기다려야 함을 알고(인지), 기다리려는 마음을 먹고(정서), 기다리겠다는 의지를 다집니다(행동). 강압적인 명령이나 지시로는 얻을 수 없는 결과지요.

내가 아이에게 주는 가르침의 내용이 옳다고 해서 무조건 잘 가르치는 것이라고 할 수는 없습니다. 내용상 옳다 하더라도 아이가 알아듣고 소화시키기 어렵다면 좋은 가르침이라고 볼 수 없죠.

명확한 설명, 그리고 아이가 자각할 수 있는 질문을 해 보세요. 가르침의 내용만큼이나 중요한 건 가르침의 방식입니다.

훈육에 대한
오해 바로잡기

훈육에 대한 양육자의 몇 가지 오해들이 있어요. 여기서는 크게 세 가지를 살펴보고자 합니다.

✳

훈육은 꾸짖음이다(?)

훈육은 아이를 혼내는 것이 아니라 가르치는 것입니다. 아이 혼자 스스로 깨우치거나 터득하지 못하니 가르쳐 주는 것이지요.

"또 실수잖아. 문제부터 읽으라고 몇 번을 말해? 덤벙대니까 이래. 실수도 다 네 실력이야." (꾸짖음)

↓

 "옳지 않은 것을 고르라는 건데 옳은 것을 골랐네. 빨리 끝내고 싶은 마음이 앞서서 그래. 네가 문제집 풀 때 조급한 면이 있어. 앞으로는 차분하게 문제를 읽어 봐." (가르치는 부모 & 배우는 아이)

✳

훈육은 단호함이다(?)

무엇에 대해 단호해야 할까요? 먼저 단호함의 대상을 분명히 해야 합니다. 감정, 사고, 행동을 구분할 필요가 있어요.

감정, 사고, 행동 중에 훈육의 핵심은 '행동'에 있습니다. 아이들은 하지 말아야 할 행동과 해도 괜찮은 행동을 분별하지 못하니까요. 행동 통제가 필요한 상황이 많아요. 훈육은 잘못된 행동을 교정하고 올바른 방향으로 안내하는 것입니다.

따라서 아이의 문제 행동에 대해서만 단호하면 됩니다. 아이의 감정과 생각은 인정하고 수긍해 주되, 행동에 대해서는 단호함을 보일 필요가 있습니다.

👩 "너로서는 억울할 수 있지." (감정에 친절)

"그런데 억울하다고 해서 형을 밀치는 건 안 돼. 억울하다고 말로

표현하면 되는 거야." (행동에 단호)

✳

훈육은 근엄해야 한다(?)

훈육이라고 하면 근엄한 말투와 표정으로 따끔하게 야단을 치는
모습을 떠올리는 분들이 꽤 많은데요. 바람직한 훈육의 모습은 근
엄한 태도가 아니라 평정심을 가진 태도입니다. 아이 감정에 영향
을 받거나 휘둘리지 않고 평정심을 가질 때 아이를 잘 가르칠 수 있
어요.

훈육에 대한 오해 바로잡기

[오해 1] 훈육은 꾸짖음이다. → 훈육은 부모가 가르치고 아이가 배우는 것이다.

[오해 2] 훈육은 단호함이다. → 훈육은 문제 행동에 대한 단호함이다.

[오해 3] 훈육은 근엄해야 한다. → 훈육은 평정심을 가져야 한다.

훈육은 주례사처럼

"오늘 결혼식 주례사가 참 좋았어요." 왜 좋았냐고 물으니 짧아서 좋았다고 합니다. 사실 주례사 내용은 대개 비슷하지요. 서로 사랑하고 양보하고 이해하며 잘 살라는 가르침의 말입니다. 좋은 말, 옳은 말이라도 길어지면 다 큰 어른에게도 입력이 안 되고, 그래서 짧으면 좋다고 느낍니다. 어른도 이러한데, 아이들은 어떨까요? 좋은 말, 칭찬의 말이 아닌 자기 잘못과 문제를 들추는 훈육의 말을 길게 듣고 있는 건 아이에게 참 힘든 일입니다.

아이의 문제 행동을 교정하고 바로잡고 가르치는 말, 훈육은 중요하고 꼭 필요한 과정입니다. 단, 훈육 시간은 길지 않고 짧은 게 좋아요. 그런데 가끔 훈육할 때 아이가 집중해서 듣지 않는 것 같고, 그러다가 훈육 시간이 한없이 길어지는 경우가 종종 있습니다. 어떻게 하면 훈육 시간을 줄일 수 있을까요?

첫째, 가르칠 내용을 말로 미리 정리해 봅니다. 내가 아이에게 가르칠 내용과 문장을 말하기 전에 미리 정리해 보는 게 좋습니다. 대개는 두 문장을 넘지 않아요.

"앞으로 그러지 마!"

"다음부터는 이렇게 해!"

대개는 이 두 문장에서 끝납니다. 훈육 시간이 길어지는 이유 중

하나는 부정적 연결, 증폭, 확대로 이어지다가 이전의 잘못을 들추기 때문입니다.

"너 전에도 이랬지." (과거 연결)

"도대체 이게 몇 번째야?" (횟수 연결)

"너 학교에서도 이래?" (장소 연결)

"네가 잘하는 게 뭐 있어?" (과오 연결)

꼬리에 꼬리를 무는 부정적인 연결은 가르침이 아닌 잔소리가 되고 맙니다. 부모가 이말 저말 횡설수설하니 아이로서도 귀를 막게 되죠. 부모의 화를 아이에게 쏟는 말이에요. 훈육의 본질과는 다르죠. 지금 고칠 것만 사실 위주로 짧게 정리하면 체계적인 훈육을 할 수 있어요.

둘째, 경청하면 짧게 끝남을 알려 줍니다. '짧게 해야지.'라고 생각했는데도 몸을 배배 꼬고, 경청하지 않는 아이를 보면 태도를 지적하게 됩니다. 그러면 시간이 늘어나게 되어 본래 가르치려던 것과 멀어지게 되죠. 이때 집중해서 귀를 기울여 주면 금세 끝낼 수 있음을 아이에게 알려 주면 좋습니다. 아이가 태도를 바로잡고 경청하려는 마음을 먹는 데 도움이 됩니다.

"엄마가 중요한 걸 가르쳐 줄 거야. 네가 귀 기울여 주면 짧게 끝나. 근데 만약 네가 손가락 만지작거리고 먼 산을 보면, 엄마는 내가 너에게 제대로 가르치지 못했다고 생각해서 시간이 길어질 수 있어."

이렇게 말하면 아이는 앞으로의 일이 예측되고, 경청하면 짧게 끝난다는 걸 알기 때문에 경청하는 태도를 보입니다.

훈육, 길다고 좋은 것만은 아닙니다. 중요한 건 상호 작용이에요. 같은 말을 일방적으로 반복하면 지루해지고 지겨워질 수 있습니다. 여러 번 들으면 질려요. 간략하게 정리해서 아이가 집중할 수 있도록 경청할 수 있도록 가르쳐 줄 필요가 있습니다.

넘치지도

모자라지도 않은 가르침

해법 제시

방임	(그네를 타고 싶어 하는 다른 친구들이 줄을 서서 기다리고 있음에도, 아이에게 내려야 함을 가르치지 않는다. 원하는 대로 실컷 타게 내버려 둔다.)	가르치지 않음
해법 제시	"뒤에 친구 기다리네. 슬슬 내릴 준비하자. 몇 번 더 타고 싶어?" "백번은 너무 많아. 스무 번만 타고 내려오자. 다시 줄 서서 기다리면 또 탈 수 있어."	적절한 가르침
강요	"뒤에 친구 기다리잖아. 얼른 내려." "더 타는 거 안 돼. 너만 그네 타고 싶은 거 아니야."	지나친 가르침

설명

방관	(속상함에 복받쳐 우는 아이에게 부모가 아무런 관심을 보이지 않고 내버려 둔다.)	가르치지 않음
설명	"우는 상태에서는 너도 말하기 어렵고 엄마도 알아듣기가 어려워. 다 울고 나서 얘기하자. 실컷 울고 마음 추스르면 와. 엄마가 네 얘기 들어 줄게."	적절한 가르침
억압	"뚝 그쳐. 울지 말고 얘기해. 너 애기 아니야. 징징대지 말고 당당하게 말을 해."	지나친 가르침

3장

오뚝이 육아의
관점에서 살펴본
부모의 네 가지 유형

부모의 네 가지 유형

오뚝이 육아의 관점에서 살펴봤을 때 부모의 유형에는 '방관자 부모', '독재자 부모', '친구 같은 부모', '멘토 부모'가 있습니다. 모두 '공감'과 '가르침'을 기준으로 구성한 부모의 유형입니다.

‘방관자 부모’는 공감과 가르침을 둘 다 주지 않는 부모입니다. 상황적 문제 해결도 감정 해결도 도와주지 않는 부모라고 할 수 있습니다. ‘독재자 부모’는 가르침에 적극적이지만 공감에는 소홀한 부모입니다. 마음은 읽어 주지 않은 채 옳은 방향으로 끌고 갑니다. ‘친구 같은 부모’는 아이의 마음을 충분히 공감해 주지만, 가르침에는 소홀합니다. 마지막으로 ‘멘토 부모’는 공감과 가르침을 적절히 주는 부모입니다.

"하든 말든 네 마음대로 해."
방관자 부모

[초4] 숙제를 못 했다며 학원을 빠지겠다고 하는 상황

"몰라! 가든 말든 네 마음대로 해." (짜증)

"왜 이렇게 징징거려?" (신경질)

"안 그래도 머리 복잡하니까 너까지 엄마 힘들게 하지 마." (죄책감 유발)

[중2] 야식을 먹는 걸 부모에게 상의하는 상황

"밤늦게 무슨 치킨 타령이니." (짜증)

"아우 몰라, 피곤하게 하지 마!" (신경질)

"나는 잘 거야. 먹든 말든 네 마음대로 해." (회피)

첫 번째 유형인 '방관자 부모'는 아이에게 공감도 가르침도 주지 않습니다. 생업에 바쁘거나, 혹은 심리적 여유가 없어서 아이와의 정서적 교류나 훈육에 에너지를 쏟지 못합니다. 자녀의 입장을 헤아리거나 자녀의 요구에 자상하고 세심하게 응해 주지 못하는 것이지요. 아이에게 무관심한 채 그저 문제를 일으키지 않고, 부모를 귀찮게 하지 않기만을 바랍니다.

방관자 부모는 감정에 미숙하고 정서적으로 불안정합니다. 아이를 향한 주된 정서 반응이 짜증과 신경질입니다. 자신의 심기를 건드리면 그것을 조절하지 못하고 곧장 짜증을 내죠. 아이 마음은 안중에도 없고 당장 본인 감정이 우선입니다. 아이가 부모를 꼭 필요로 하는 순간에도 아이의 요구에 귀 기울여 주지 않고 도리어 신경질을 냅니다. 아이 입장에서 생각하거나 배려하는 부분이 전혀 없는 셈입니다. 부정적 감정을 처리할 능력이 없어 아이한테 분풀이를 하는 것이지요. 아이를 감정 쓰레기통으로 만드는 것이나 다를 바 없습니다. 무책임하고 성숙하지 못한 부모의 모습이죠.

방관자 부모는 아이 정서에 치명적인 상처를 입힐 수 있습니다. 자신을 보살피고 지켜 줘야 할 부모가 신뢰감과 안정감을 주기는커녕 거절감과 불안감을 주니까요. 방관자 부모 밑에서 자란 아이는 다음과 같은 특징을 보입니다.

첫째, 감정을 배우지 못합니다. '내 마음을 몰라주네. 말해도 소용없구나. 힘든 일이 있어도 말하면 안 되겠다.'라고 여기죠. 부모로부터 존중과 이해와 수용을 받지 못한 경험이 지속되면 아이는 자신의 감정이 중요하지 않다고 여기게 됩니다.

둘째, 대인 관계가 어렵습니다. 부모로부터 거부당한 경험이 많기 때문에 다른 사람에게도 편안함을 느끼기 어렵습니다. 상대방으로부터 언제 거절과 거부를 당할지 모르니 인간관계가 편하지 않죠. 정서적인 거리를 둠으로써 사람에게 받을 수 있는 상처를 차단하면서 고립되기도 합니다. 사람에 대한 뿌리 깊은 불신과 부모에게서 받은 마음의 상처를 끌어안고 지내기 때문에 사회적 관계 형성이 어려워요.

셋째, 자존감이 떨어집니다. 일관되지 않은 부모의 태도를 보며 불안한 양육 환경에서 자란 아이는 안정적이고 긍정적인 정서를 경험하지 못합니다. 힘든 마음을 징징거림으로 부정당하고 거부당한 아이는 부모의 사랑을 의심합니다. '나는 엄마에게 귀찮은 존재구나. 엄마에게 내 마음은 소중하지 않구나.' 하고 자신을 보잘것없는 존재라고 믿게 돼요. 부정적인 자아상을 갖게 됩니다.

이처럼 방관자 부모는 어떠한 가르침도 주지 않으며, 방관자 부모 밑에서 자란 아이는 아무것도 배우지 못한 채 불안감만 커져 갑니다. 아직 감정 조절이 서툰 아이는 양육자에게 힘든 마음을 털어놓기 마련입니다. 하지만 "네가 알아서 해.", "네 마음대로 해."라는 식의 모호한 말을 들은 아이는 어떻게 해야 할지 몰라 혼란스러워합니다. 스스로 알아서 판단하고 결정할 만한 능력이 없는 아이에게 알아서 하라고 하는 말은 자율성이 아닌 불안만 자극합니다. 부모가 언제 짜증 섞인 반응과 신경질적인 반응을 보일지 예측이 안되니, 아이는 늘 불안한 상태로 부모 눈치만 살피게 되죠. 아이의 정서 발달에 전혀 도움을 주지 않는, 양육자라면 늘 경계하고 피해야 하는 유형입니다.

"내가 미리미리 하라고 했지."
독재자 부모

[초4] 숙제를 못 했다며 학원을 빠지겠다고 하는 상황

"안돼. 숙제 미리미리 하라고 했어, 안 했어?" **(지적)**

"오늘 쉬면 내일은 가고 싶을 것 같아? 오늘 안 가면 내일은 더 가기 싫어." **(강요)**

"학원이 네가 가고 싶으면 가고, 가기 싫을 때는 안 가는 곳이야?" **(비난)**

"어떻게 너 하고 싶은 대로 하고 살아. 엄마도 밥하기 싫어. 그래도 하잖아." **(명령)**

"안 간다고 말할 시간에 숙제를 해." **(지시)**

"매사에 책임감이 있어야 해. 숙제 못 한 것도 다 네 책임이야. 가

서 혼나." (억압)

[중2] 야식을 먹는 걸 부모에게 상의하는 상황

"안 돼." (금지)

"밤에 먹는 거 다 살로 가. 기름진 음식은 피부에도 안 좋고. 요즘 너 여드름 올라오잖아. 먹고 후회하지 말고 그냥 참아." (욕구 억압)

오뚝이 육아의 관점에서 살펴봤을 때, 두 번째 유형인 '독재자 부모'는 가르침에는 적극적이지만 공감에는 소홀합니다. 방관자 부모의 주된 정서 반응이 '짜증과 신경질'이라면 독재자 부모의 주된 특징은 '지시와 질책'입니다. 일방적으로 지시하고 아이가 제대로 해내지 못하면 혼내는 일이 잦죠.

독재자 부모는 예의와 법, 성실함과 책임감 같은 사회적 규범과 미덕을 매우 중요하게 여깁니다. 부모 본인의 삶에서도 인간적인 도리와 사회적 의무를 다합니다. 법 없이도 살 사람이라는 평판을 얻을 만큼 바르게 살아요. 이처럼 올바름을 앞세우지만, 기분이나 감정에는 무관심합니다. 아이에게도 감정을 읽어 주기보다는 원칙과 기준을 들이밀죠.

또 지나치게 통제적입니다. '반드시 ~해야 한다.', '절대로 ~해서는 안 된다.'라는 식의 의무와 당위적인 명제가 자기 삶에도 많고, 아이에게도 그렇게 요구합니다. 끊임없이 감독하고 자신의 기준에 맞게 아이를 고치려고 합니다.

"뭘 이 정도로 학교를 안 가? 열나는 거 아닌 이상 학교는 가야 해." (의무)

"엄마는 지각을 해 본 역사가 없어. 지각하면 안 돼." (당위)

아이의 시선이 아니라 부모가 세워 놓은 기준과 방식대로 아이를 움직이려고 하는 것이지요. 아이가 바라는 것, 원하는 것에는 무관심한 채 해야 하는 것, 좋은 것만을 강요합니다.

부모가 예의, 양보, 배려 등 사회적으로 지켜야 하는 걸 강조하기 때문에 독재자 부모 밑에서 자란 아이는 예의 바르고 생활 습관이 좋습니다. 학교생활과 단체 생활을 잘 해내요. 그런데 여러 정서적 어려움을 안게 됩니다.

첫째, 자신에 대해 잘 모릅니다. 공감 없는 부모의 지나친 통제와 가르침은 아이가 하고 싶은 대로 하려고 할 때 '이렇게 해도 되나?'라는 욕구에 대한 의심과, '뭔가 잘못하고 있는 것 같아.'라는 죄책감을 불러일으키기 쉽습니다. 시키는 대로 하는 게 편하고 좀처럼 원하는 대로 하지 못합니다. 부모의 기준에 맞추느라 정작 자신의 감정에는 소홀했기 때문이지요. 자신의 욕구나 감정보다 부모의 생각, 집단의 규율을 우선시하는 게 익숙해져서 그렇습니다. "너를 위해서", "너 잘 되라고"하는 말들이 부모의 사랑이고 진심이겠지만, 부모의 틀에 아이를 맞추게 하면 아이는 성인이 되어서도 누군가의 눈치를 봅니다. 세상의 요구에 자신을 맞출 뿐, 자기 자신이 될 용기를 내지 못해요.

둘째, 감정 표현을 어려워해요. 감정 교류의 경험이 없기 때문에 감정에 대해 말하는 것이 익숙하지 않아요. 또 마음을 몰라주는 부모에게 서운함을 느끼더라도 부모에게 그걸 좀처럼 드러내지 못합니다. 섭섭함을 토로하는 것 또한 부모의 뜻을 거스르는 반항으로 간주되어 억압당하기 십상이니까요. 부모가 편하지 않기 때문에 마음 놓고 자신을 보여 주지 못하죠.

셋째, 부정적인 셀프 토크의 습관을 갖기 쉽습니다. 성장 과정에서 질책과 지적, 비난과 강요의 말에 지속적으로 노출된 아이는 성인이 되어 자신을 향해서도 부정적인 말을 하기 쉽습니다. 사소한 실수에도 자신을 비난해요. '왜 그런 거야?', '그때 그러지 말았어야지.' 아이 내면의 비판자가 부모의 목소리를 대신해 스스로를 비난하는 것이지요.

넷째, 자존감이 떨어집니다. 공감 없이 가르침만을 주입하면 아이는 독자적인 판단에 따라 주도적이고 자율적으로 행동하지 못하기 때문에 자기 자신에 대한 긍지와 자존감을 쌓아 갈 기회를 잃어버립니다. 결국 공감을 받지 못한 채 가르침만 주입받으면 '명령하는 부모, 복종하는 아이'만 남습니다.

다섯째, 무조건적인 사랑을 경험하지 못합니다. 독재자 부모는 아이가 본인의 기준에 부합할 때나 잘했을 때는 칭찬해 주지만 그렇지 않을 때는 야단을 칩니다. 아이 입장에서 느끼는 부모의 사랑이 조건적인 게 되고 맙니다. 존재로 수용받은 느낌을 받지 못한 아이는 부모 마음에 들도록 성과를 내고 결과를 내는 것으로 자신의 존재를 증명하려고 합니다. 내가 아무것도 하지 않아도, 결과가 좋지 않아도 그런 것들에 상관없이 나는 소중한 존재라는 확신이 뿌리를 내리지 못해요.

여섯째, 부모와의 유대감을 쌓기 어렵습니다. 친밀한 대화나 정서적 교류가 생략된 일방적인 가르침의 말로는, 친밀감과 유대감이 자라지 않아요. 아이가 진심을 털어놓을 수 없고, 그래서 서로 친해질 수가 없어요. 아이가 부모와의 소통에 높은 장벽을 느낍니다. 부모를 어려워하고 둘이 있는 것에 어색함을 느끼고 불편해하기도 합니다.

끝없이 가르침을 주입하는 부모는 마치 재판관, 집은 법정 같죠. 부모 앞에서 긴장하고 얼어 있어요. 집에서조차 마음 놓고 편히 쉬지를 못합니다.

물론 부모의 가르침은 꼭 필요합니다. 아이가 옳지 못한 행동, 위험한 행동을 한다면 '가르침'을 통해 마땅히 교정해 주어야 해요. 혼자 사는 세상이 아니며 사회 일원으로 조화롭게 살 수 있도록 적절한 행동 규범과 사회 규칙을 가르쳐야 합니다. 오히려 아이를 기죽

인다는 이유로 규칙과 규범을 안 가르친다면 그것은 방임입니다.

공감 없는 가르침은 아이를 옥죌 수 있습니다. 자신을 억누른 채 부모가 준 통제와 의무의 무게를 견디다 보면 무리가 오기 마련입니다. 숨이 막혀요. 중요한 건 공감과 가르침의 균형입니다.

부모는 아이가 인생에서 만나는 최초의 타인입니다. 강압적이고 냉소적인 방식으로만 가르칠 수 있는 건 아닙니다. 부모에게 감정을 표현하고 이해받은 경험은, 훗날 자신의 감정을 표현하고 상대의 감정을 이해하는 능력을 키우는 발판이 됩니다. 공감을 배제한 채 가르침에만 집중하고 있는 건 아닌지 돌아볼 필요가 있습니다.

※

아이다운 아이가 어른다운 어른이 된다

독재자 부모한테서 자란 아이는 밖에 나가면 모범생이라는 얘기를 많이 들어요. 예의, 양보, 배려 등 사회적으로 지켜야 할 규범들을 부모가 많이 주입했기 때문이지요. 독재자 부모는 체면과 평판을 주시하고 아이가 어디 가서 남들에게 안 좋은 소리 듣는 걸 못 견딥니다. 이렇다 보니 아이에게는 남에게 인사 잘하고 다른 사람에게 피해 주지 않는 게 몸에 뱁니다.

누가 봐도 예의 바른 아이, 한번 안 된다고 하면 더 이상 보채거나 투정 부리지 않는 아이는 부모로서 키우기 수월할 수 있지만 어쩌면 가여운 아이일 수 있습니다. 어리광을 부려도 받아 줄 어른이 없다는 걸 일찍 깨달아 떼를 쓰지 않는 것이니까요. 아이다운 시기를 누리지 못한 채 일찍 철들어 버린 애어른인 것이지요.

만약 마음이 자라면서 말과 행동이 어른스러워진 거라면 괜찮습니다. 하지만 대개는 '이렇게 해야 안 혼나니까.', '착해야 다른 사람이 좋아하니까.'라는 타인 지향적인 태도를 학습한 경우가 많습니다. 부모와의 관계 혹은 다른 사람과의 관계를 잃지 않기 위해 자신의 욕구와 세상에 대한 호기심을 억누르는 것이지요. 아이가 부모에게 솔직하지 못한 채 자신을 감추는 건 슬픈 일입니다.

아이가 마음 표현을 할 줄 아는 사람이 되는 건 매우 중요합니다. 속상한 일을 속상하다고, 슬픈 일을 슬프다고 말하는 것은 심리적으로 건강한 성인이 되는 밑바탕이 됩니다. 아이의 행동이 남에게 피해를 주거나 규칙과 규범을 어긴다면 가르치고 바로잡아 옳은 방향으로 이끌어야 합니다. 그러나 가르침이라는 이름으로 아이에게 어른스러움을 강요하고 생각을 펼치는 걸 억압한다면 그건 아이를 위함이 아니라 부모를 위함입니다. 어른 말씀에 고분고분하고 제할 일 알아서 척척 하고 의젓하게 남을 배려하면 좋겠지만, 엄밀히 말해 그건 어른에게 좋은 것이지 아이에게 좋은 것은 아닙니다.

남에게 피해를 주지 않고, 규칙과 규범을 잘 지키고, 자기 역할을 충실히 하는 성숙한 사회인으로 살더라도 내면의 상처를 안고 살아갈 수 있습니다. 아이에게는 조금 부족해도 안아 주고 품어 주고 이해와 공감을 주는 사람이 필요합니다. 그래야 아이다울 수 있습니다. 아이가 다른 사람과 마음을 주고받고 더불어 행복하게 살 수 있는 정서를 만드는 책임은 부모에게 있습니다.

"힘들면 못 하지."
친구 같은 부모

[초4] 숙제를 못 했다며 학원을 빠지겠다고 하는 상황

😊 "숙제가 많아서 힘들지? 밀리지 않게 숙제하기 쉽지 않지." **(감정 읽기)**

"힘들면 쉬어. 선생님께는 너 아파서 못 간다고 할게." **(감정 해결)**

[중2] 야식을 먹는 걸 부모에게 상의하는 상황

😊 "치킨이 먹고 싶었구나?" **(감정 읽기)**

"먹고 싶은 건 먹어야지. 그래, 시켜 줄게." **(욕구 해결)**

오뚝이 육아의 관점에서 살펴봤을 때, 세 번째 유형인 '친구 같은 부모'는 아이 마음에 충분히 공감하지만, 가르침에는 소홀합니다. 아이와의 친밀하고 따뜻한 관계를 중요시하죠. 아이의 감정을 읽고, 정서를 안정시키는 데 애써요. 아이로서는 다정하고 따뜻한 부모가 편하고 좋습니다. 내 마음을 이해하고 공감해 준 양육자에게 고마움과 사랑을 느끼죠. 내 편이 있다는 정서적 안정감도 생겨요.

친구 같은 부모는 아이에게 싫은 내색이나 불편한 감정을 좀처럼 드러내지 않습니다. 괜한 갈등을 만들어 아이의 마음을 상하게 할까 봐 웬만하면 말을 하지 않아요. 예를 들어 외출 시간을 1시간 남겨 두고 아이가 쿠키를 만들겠다고 떼를 씁니다. 아이가 원하는 걸 들어주기 힘든 상황이죠. 이러한 상황에서도 웬만하면 아이가 원하는 바를 들어주려고 애를 씁니다. 헐레벌떡 씻고 외출 준비를 하는 동시에 쿠키 반죽까지 만드는 식이지요.

지나치게 친절하고 허용적이며 과보호적입니다. 아이와의 관계를 해칠까 봐, 혹은 아이가 상처받을까 봐 가르침을 주저합니다. 아이가 좌절하고 낙심하는 게 부모에게도 고통이기 때문에 아이의 심기를 거스르는 상황을 만들지 않는 겁니다. 아이들을 부정적인 심리 경험으로부터 보호하려고 애쓰는 건 아이를 위한다는 생각이지만, 사실은 양육자 자신을 위한 일도 되는 셈입니다. 아이의 요구를 들어주기 버거울 때는 솔직한 상황 설명이 필요합니다. "엄마도 너랑 쿠키 만들고 싶은데, 오늘은 결혼식에 가야 해. 지금은 시간이 부족하니 내일 하자."라는 식으로요.

친구 같은 부모에게서 바람직한 방향의 가르침을 받지 못한 아이들은 다음과 같은 어려움을 겪습니다.

첫째, 고통을 견디는 데 취약해져요. 자신에게 늘 공감해 주고 따뜻하게 대해 주는 부모한테서 상처받을 일 없이 자랐기 때문에 고통스러운 상황을 어떻게 극복하고 대처해야 할지 모르게 됩니다. 역경으로부터 과보호를 받은 아이들은 역경을 두려워해요. 회복탄력성을 키우지 못합니다. 온실 속의 화초처럼 나약해져요.

어릴 때야 아이가 마주하는 난관과 장애물을 부모가 어느 정도 막아 줄 수 있습니다. 그렇지만 커 갈수록 또 성인이 되어서까지 아이의 삶에 닥치는 고난과 역경을 부모가 다 막아 줄 수는 없어요. 친구 같은 부모가 아이의 건강한 심리적 성장을 방해할 수 있다는 것입니다. 상처 안 받게 키우는 게 결코 아이에게 도움이 되는 행동이 아닙니다. 양육의 최종 목표는 아이의 '자립'입니다.

둘째, 역할에 맞는 의무와 책임을 배우지 못합니다. '힘들면 안 해도 되는 거구나.', '엄마가 뭐든 다 해결해 주네.', '앞으로 숙제하기 싫을 때마다 엄마한테 말해야겠다.'라고 생각할 수 있어요. 자신의 역할과 책임, 힘들어도 끝까지 참고 부딪히며 해내는 법을 배우지 못한 채, 회피와 의존을 학습하는 것이죠.

아이 스스로 감당할 수 있는 선에서 적절한 어려움과 고통을 겪게 하는 것은 아이의 정서적 성장에 도움이 됩니다. 아이에게는 적절한 정서적 좌절이 필요합니다. 아이도 참고 기다리는 법을 배워야 해요. 넘어져 봐야 일어서는 법도 배웁니다. 인생의 고비와 난관은 아이에게 회복력과 인내심을 키워 줍니다. 아이가 좌절하고 낙심하는 걸 지켜보기 힘들어도 대신 막아 줘서는 안 되는 이유가 여기에 있습니다.

✳

정서적 결핍을 극복하고자 애쓰는 부모

방관자 부모 밑에서 자라면 방관자 부모가 되고, 독재자 부모 밑에서 자라면 독재자 부모가 될까요? 꼭 그렇지는 않습니다. 어린 시절의 상처와 공감받지 못한 경험을 떠올리며 '나는 아이의 마음을 잘 헤아리는 부모가 될 거야.'라고 다짐하는 케이스도 무척 많아요.

특히 선천적으로 감정에 예민하고 민감한 아이가 성장 과정에서 충분한 공감을 못 받았다면, 마음을 헤아려 주는 사람이 되기 위해 애쓰고 노력하여 공감에 능숙한 사람으로 자라기 쉽습니다. 부모를 반면교사 삼아 아이에게 같은 상처를 대물림하지 않는 좋은 어른이 되기 위해 노력하는 것이지요. 육아서도 읽고 교육 영상도 찾아보며 자녀 교육에 관한 공부를 게을리하지 않으시는 훌륭한 분들이에요.

그런데 유독 이런 분들 중에 친구 같은 부모 유형이 많습니다. 육아서에서 공감의 중요성을 강조하고 있고, 부모 역시 아이에게 정서적으로 채워 주려는 마음이 있다 보니 웬만하면 이해해 주고 다정하게 대해 주는 것이지요. 또 양육자 중 한 명이 독재자 부모인 경우, 다른 한쪽은 아이가 안쓰럽고 애처로워서 친구 같은 부모가 되기도 합니다. 일종의 보상이죠. 냉소적이고 냉담한 질책과 명령조의 말이 상처가 될 것을 알기 때문에 따뜻하고 살갑게만 대해 주려고 합니다.

공감이 꼭 필요하긴 하지만 육아의 만능 공식은 아니에요. 육아서에서 말하는 '공감'은 아이의 감정을 친절하게 수용해야 한다는 뜻이지, 문제 행동에 너그러워지라는 의미가 아니니까요. 또 아이에게는 공감만이 아니라 가르침도 필요합니다.

물론 친구 같은 부모는 공감에 적극적이고 아이에게 온정적이라는 측면에서 방관자나 독재자보다는 훨씬 낫습니다. 하지만 최선은 아니며 개선해야 할 부분이 있어요. 더욱 바람직한 방향이 있습니다. 바로 충분한 공감과 더불어 분명한 가르침을 주는 멘토 부모입니다.

"그럴 때는 이렇게 해 봐."
멘토 부모

[중2] 야식을 먹는 걸 부모에게 상의하는 상황

🙂 "치킨이 먹고 싶었구나?" (감정 읽기)

"내일 낮에 먹는 건 어때? 밤늦게 먹는 게 몸에 안 좋긴 하니까." (대안 제시)

"네 생각은 어때?" (질문)

🙂 "먹고 싶은데 참으면 치킨 생각이 나서 잠이 안 와요. 밤에 먹는 것도 해롭지만 잠 못 자는 것도 안 좋잖아요. 매일 먹는 것도 아니고 일주일에 한 번은 괜찮을 거 같아요."

🙂 "그래. 일주일에 한 번이라면 엄마도 괜찮다고 생각해. 그럼 더 늦기 전에 얼른 시키자." (조율과 절충)

[초4] 숙제를 못 했다며 학원을 빠지겠다고 하는 상황

👧 "숙제가 많아서 힘들지? 밀리지 않게 숙제하기 쉽지 않지." (감정 읽기)

"그런데 숙제를 못 했다고 해서 학원에 안 갈 수는 없어. 숙제도 약속이지만 학원에 가는 것도 약속이니까." (명확화)

"선생님께 숙제를 못 했다고 말씀드려. 분량에 대해서 선생님과 상의해도 좋고." (해법 제시)

오뚝이 육아의 관점에서 살펴봤을 때, 네 번째 유형인 '멘토 부모'는 '공감'과 '가르침'을 균형 있게 제공합니다. 아이의 마음을 보듬어 주면서 올바른 길로 이끌어 주죠. 공감과 가르침을 둘 다 적극적으로 활용하는 유형입니다.

멘토 부모는 예의와 규범, 성실과 책임만큼 아이의 감정도 소중히 여깁니다. 아이가 잘못된 행동을 하면 단호히 제지하고 바람직한 방향의 가르침을 주지만, 부모의 생각을 일방적으로 강요하지 않고, 아이의 입장과 의견을 경청하고 존중합니다.

또한 감정 조절에 능숙해서 부정적인 상황이나 감정에 쉽게 휩쓸리지 않습니다. 긍정적인 대화와 소통으로 서로 만족할 수 있는 합리적인 해법을 찾아가죠. 아이에게나 부모에게나 대화 시간이 기분 좋고 즐거운 정서 경험이 됩니다.

위의 사례에서 아이는 학원에 가기 싫고 숙제를 안 해서 혼날까 봐 걱정도 되지만, 하기 싫어도 해야 할 일이 있다는 책임을 배울 수 있습니다. 또한 부모가 제시해 준 명확한 가이드라인을 통해 약속을 지키는 법, 싫은 일도 끝까지 해내는 법, 선생님과 상의하여 문제를 해결해 나가는 법, 어려움을 피하지 않고 정면 돌파하는 법 등을 배울 수 있습니다.

부모로부터 충분한 정서적 지지와 가르침을 받은 아이는 다른 사람과도 원만하게 관계 맺을 줄 압니다. 교사의 지시를 대체로 잘 따르고 친구들과 잘 어울려요. 원만히 지내지만 그렇다고 억지로 맞춰 주지만은 않아요. 진짜 아니다 싶은 건 짚고 넘어갈 줄도 알죠. 눈치껏 행동하지만 눈치를 보느라 주눅 들어 있지는 않습니다. 남에게 피해를 주지 않는 범위 내에서 자신이 원하는 걸 말하고 행동하죠.

이럴 때 아이는 부모를 좋아하고 존경합니다. 어려운 일이 있을 때 상의하는 멘토로 여기며, 부모에게서 배운 것을 바탕으로 힘든 상황을 현명하게 헤쳐 나가는 내면의 힘을 키워 나갑니다. 결국 멘토 부모가 아이의 자존감과 회복탄력성을 키웁니다.

오뚝이 육아는 공감과 가르침을 균형 있게 제공하는 멘토 부모가 되자는 것입니다. 멘토 부모의 적극적인 가르침과 공감을 통한 긍정적인 상호 작용은 아이 내면의 힘을 키우는 자양분이 됩니다.

신뢰할 수 있고 의지할 만한 어른이 없을 때 아이는 어려움을 혼자 버텨 내야 합니다. 피난처 없이 차가운 현실을 견뎌 내야 하죠. 곤란한 문제가 생겼을 때 갈피를 못 잡고 헤매니 외롭고 고단합니다.

인생의 난관을 만났을 때 현명하게 조언해 줄 멘토가 있다면 어떨까요? 마음을 이해해 주고 현명하게 조언해 주는 부모를 아이는 신뢰하고 의지할 수 있습니다. 사랑과 안정감을 느껴요. 속 깊은 이야기도 부모에게 털어놓을 수 있습니다. '힘들 때는 엄마와 상의해야겠다.', '나는 혼자가 아니구나.'라고 생각합니다. 아이는 든든한 안전 기지가 있기에 새로운 세계를 용기 있게 탐험해 나갈 수 있습니다.

모든 사람에게 멘토가 되는 건 어려운 일이에요. 하지만 부모인 내가 내 아이 한 사람을 위한 멘토는 되어 줄 수 있습니다. 낳아서 키운 부모, 가장 오랜 기간 곁에서 지켜보고 함께한 부모, 아이를 가장 잘 아는 부모야말로 아이를 위한 멘토의 적임자이기 때문입니다.

오뚝이 육아의 관점에서 살펴본 부모의 네 가지 유형에는 방관자 부모, 독재자 부모, 친구 같은 부모, 멘토 부모가 있습니다. 다음의 대화 상황들을 살펴보면서 나는 어떤 유형의 부모인지 확인해 보세요.

유형	자주 하는 말	특징
방관자 부모	회피, 짜증, 신경질 "몰라, 네가 다 알아서 해."	무관심한 부모 불안한 아이
독재자 부모	명령, 지시, 금지 "안 돼. 참아."	훈계하는 부모 말 잘 듣는 아이
친구 7같은 부모	공감, 이해 "힘들지? 힘들면 쉬어."	허용적인 부모 고통에 취약한 아이
멘토 부모	공감, 가르침 "힘들지? 그런데~"	소통하는 부모 마음이 단단한 아이

[초2] 숙제가 힘들다고 아이가 우는 상황

방관자 부모	"징징대는 소리 듣기 싫어." (거부) "그게 엄마한테 할 소리야? 네가 밥을 해, 청소를 해, 빨래를 해? 뭐 하는 게 있다고 힘들어?" (신경질) "하든 말든 네가 알아서 해. 엄마 힘들게 하지 마." (회피)
독재자 부모	"5분이면 끝나는 걸, 무슨 숙제 때문에 못 놀아?" (판단) "말이 되는 소리를 해!" (질책) "숙제하고 공부하는 게 학생의 본분이야." (의무, 당위) "숙제 다 하면 놀게 해 줄 거야. 빨리 해." (명령)
친구 같은 부모	"숙제하기 힘들어?" (감정 읽기) "그럼 쉬어. 힘들면 쉬어야지." (감정 해결)
멘토 부모	"숙제가 힘들어? 힘들 수 있지. 그건 알겠어." (감정 읽기) "근데 숙제 끝내면 몇 시간이고 놀잖아. 그런데 네가 종일 숙제만 하고 놀지도 못한다고 하니까 엄마가 좀 당황스럽다." (감정 말하기) "양이 많아서 힘들다는 거야, 아니면 지금 푸는 문제가 어

렵다는 거야? 어느 쪽이야?" (질문)

"양이 많아서 힘든 거라면, 해 볼 수 있는 양을 말해 봐. 푸는 문제가 어렵다면 엄마한테 도와달라고 하고." (해법 제시)

[초2, 4] 형제가 먹을 걸 두고 다투는 상황

방관자 부모	"또 시작이야. 시끄러워! 너희들은 눈만 마주치면 싸우지?" (짜증) "매일매일 싸우는 거 정말 지긋지긋하다." (넋두리) "내가 왜 너희 싸우는 소리를 노상 들어야 해? 그만 좀 해!" (신경질) "싸울 거면 밖에 나가서 싸워. 조용히 해." (회피)
독재자 부모	"너희들은 서로 원수니?" (비난) "그만 싸우고 이리 와 앉아." (억압) "너는 왜 형 젤리를 달라고 해? 네가 고른 거 먹어야지, 왜 변덕이야?" (판단) "형이 동생한테 하나 줄 수도 있는 거지. 젤리 한 개 가지고 동생이랑 싸워서 되겠어?" (죄책감 유발)

	"형이 양보해. 동생한테 젤리 하나 줘." (강요)
	"서로 악수하고, 각자 방으로 들어가. 가서 자기 할 일 해." (명령)
친구 같은 부모	"형 젤리도 먹어 보고 싶어?" (감정 인정)
	"혹시 몰라서 엄마가 한 봉지 더 샀어. 형한테 달라고 하지 말고, 이거 먹어." (감정 해결)
멘토 부모	"동생이 욕심쟁이라고 하니 화났겠다." (감정 읽기)
	"네가 욕심쟁이 아닌 거 엄마가 알아. 동생이 젤리가 없었다면 네가 선뜻 줬을 거야." (긍정적 해석)
	"형 젤리도 먹어 보고 싶었어?" (감정 읽기)
	"형이 안 준다니 섭섭했겠네." (긍정적 해석)
	"형 젤리가 맛보고 싶으면 그냥 달라고 조르기보다 네 거 하나 주면서 바꿔 먹자고 제안해 봐." (해법 제시)

방관자 부모	"아빠 짜증 나게 하지 마!" (짜증)
독재자 부모	"엄마 아빠 얘기하고 있는 거 안 보여?" (지적) "어른들 얘기 중에 끼어드는 거 아니라고 했잖아." (질책) "몇 번을 말해야 알아들어?" (비난) "기다려!" (명령)
친구 같은 부모	"속상했구나." (감정 읽기) "아빠가 미안해." (사과) "아빠가 엄마랑 얘기 그만할게. 이제 네 얘기 들어 줄게." (감정 해결)
멘토 부모	"네 얘기를 안 들어 주니 서운했구나." (감정 읽기) "그런데 네가 엄마 아빠 대화를 끊으니까 아빠도 섭섭해진 다. 네가 엄마 아빠의 대화 시간을 소중히 여기지 않는 것 같거든." (감정 말하기) "너는 그저 네 말을 들어 달라는 건데, 얘기 중인 엄마랑 아 빠 입장에서는 존중받지 못한 것 같아 서운해." (감정 말하기) "아빠가 네 얘기를 안 들어 주겠다는 게 아니야. 순서를 지

방관자 부모	키라는 거지." (분별) "항상 네 말이 먼저가 아니야. 아빠가 엄마랑 얘기할 때는, 끝날 때까지 기다리는 거야." (가르침)

[6세] 한참 동안 놀아 줬는데도 더 놀아 달라고 우는 아이의 상황

방관자 부모	방관자 부모는 피곤하면 짜증스러운 반응을 보이기 때문에 아이는 부모의 눈치를 살피고 놀아 달라고 조르지도 않습니다.
독재자 부모	"놀아 줘도 끝이 없잖아. 열 번 하고 끝내기로 했는데, 왜 약속을 안 지켜?" (비난)
친구 같은 부모	"아빠랑 노는 게 재미있었어? 더 놀고 싶어?" (감정 읽기) "알았어. 그러면 공놀이 더 하자." (감정 해결)
멘토 부모	"아빠랑 노는 게 재미있었어? 더 놀고 싶어?" (감정 읽기) "아빠가 다시는 안 놀아 준다는 게 아니라 오늘은 이만큼만 놀자는 거야." (한계 설정)

멘토 부모	"아빠도 퇴근하고 집에 오면 쉬고 싶거든." (감정 말하기) "더 놀지 못해 아쉬운 마음만 붙들지 말고, 아빠랑 놀면서 즐거웠던 것도 떠올려 봐." (명확한 설명) "'오늘 재미있었어요!'라고 하면 아빠가 힘이 나서 내일 더 놀아 줄 수 있을 거 같아." (해법 제시)

[초1] 친구들이 놀이에 안 끼워 줘서 속상하다고 엄마에게 이야기하는 상황

방관자 부모	"아우 몰라. 엄마가 너 쫓아다니면서 일일이 해결 못 해 줘." (짜증) "그냥 적당히 잘 지내. 네가 알아서 하라고." (회피)
독재자 부모	"왜 너만 안 끼워 줘? 걔도 이유가 있을 거 아니야. 왜 그러 는지 물어 봐." (지시) "한 번은 봐주고 계속 그러면 선생님께 말씀드려." (명령)
친구 같은 부모	"저리 가라니? 왜 너한테 말을 그렇게 해?" (감정 이입) "엄마가 이슬이 엄마한테 물어볼게." (개입) "이슬이 엄마, 잘 지내시죠? 다 같이 놀면 좋겠는데, 이슬이 가 싫다고 했다네요. 함께 보드게임을 하는데 넌 빠지라고

하니까 우리 애가 마음이 상한 모양이에요. 궁금하기도 하고 고민도 돼서 연락드렸어요." (개입)

"얘기 들어보니까 이슬이는 새싹이랑 친해지고 싶은 거래. 네가 싫은 게 아니라 새싹이랑 논다고 넌 빠지라고 한 거래. 어쩌겠니. 너도 어서 다른 친구 만들어야지. 새로운 친구가 생기면 괜찮아질 거야. 누구랑 친해지고 싶어? 얘기해. 엄마가 파자마 파티해 줄게." (감정 해결)

| 멘토 부모 | "같이 게임하기 싫을 수야 있지. 그래도 저리 가라고 쏘아 붙일 필요는 없는데, 네가 마음 많이 상했겠다." (감정 인정) "이슬이가 다른 애랑 게임하고 싶었던 게 아닐까? 그 말을 친절하고 상냥하게 했다면 좋았을 텐데, 그치?" (긍정적 해석) |

[초2] 원치 않는 친구와 짝이 되어 속상하다고 부모에게 이야기하는 상황

| 방관자 부모 | 방관자 부모는 아이에게 공감과 가르침을 주지 않기 때문에 아이는 학교에서 속상한 일이 있어도 부모에게 이야기하는 경우가 거의 없다. |

독재자 부모	"어떻게 네가 좋아하는 친구랑만 짝이 되니? 입장 바꿔서 생각해 봐. 누가 너랑 같은 모둠 돼서 속상하다고 하면 너는 어떻겠어?" (지적) "친구랑 사이좋게 지내. 싫은 티 내지 말고, 잘 지내." (명령)
친구 같은 부모	"하늘이랑 짝이 되고 싶었어? 그렇게 안 돼서 속상해?" (감정 읽기) "그럼 하늘이랑은 집에서 놀아. 우리 집에 놀러 오라고 해. 엄마가 하늘이 엄마 아니까 초대해 줄게." (감정 해결)
멘토 부모	"하늘이랑 짝이 되고 싶었어? 그렇게 안 돼서 속상해?" (감정 읽기) "그런데 네가 좋아하는 친구뿐만 아니라 불편한 친구와도 두루두루 잘 지낼 줄 알아야 해. 그걸 배울 수 있는 기회야. 일 년 내내 계속 같은 모둠이 아니라 매달 바뀌는 거니까, 한 달 동안 잘 지내 보겠다고 좋게 마음을 먹어 봐." (해법 제시)

알아차림과 방향 설정

위의 네 가지 대화 유형으로 양육 스타일을 규정할 수는 없어요. 상황과 맥락에 따라 각 유형이 혼재하기 때문입니다. 멘토 부모가 가장 바람직하지만, 누구나 상황에 따라 방관자 부모, 독재자 부모, 친구 같은 부모가 될 수 있습니다. 중요한 건 '알아차림'과 '방향 설정'입니다. 먼저 자신이 평소에 어떤 말을 하는지부터 알아차려야 해요. '내가 주로 이런 말을 하는구나.' 하고 깨달아야 '앞으로는 공감과 가르침을 동시에 주는 멘토 부모가 되어야겠다.' 하고 방향 설정을 할 수 있습니다. 평소 내 습관적 반응을 알아차리고 이해하는 게 먼저입니다. '알아차림', 오뚝이 육아의 시작입니다.

방관자 부모, 독재자 부모, 친구 같은 부모, 멘토 부모의 셀프 토크는 어떨까요?
다음의 상황별 셀프 토크를 살펴보면서 나는 어떤 유형의 부모인지 확인해 보
세요.

부정적인 셀프 토크

방관자 부모

먼저 가르침과 공감에 모두 소홀한 방관자 부모는 아이
에게뿐만 아니라 자신에게도 부정적인 말을 일상적으로
합니다.

▶ **양육자나 아이가 넘어진 상황**

'어쩌면 좋아. 큰일이네'. (부정적 판단)

'여기서 넘어지다니 나는 왜 이렇게 운이 없을까?' (비관)

'앞으로도 계속 이렇게 넘어가겠지'. (부정적 예언)

▶ **일상 속 갈등 상황**

'도무지 되는 일이 없어'. (부정적 일반화)

'왜 나한테만 이런 일이 생길까?' (부정적 증폭)

'다 관두고 싶다'. (파국적 사고)

가르침에는 적극적이지만 공감에는 소홀한 독재자 부모는 어떨까요? 방관자 부모만큼은 아니지만 셀프 토크가 부정적인 편입니다. 아이에게뿐만 아니라 자신을 향해서도 의무와 당위의 말을 자주 합니다. 열심히 살고 있음에도 불구하고 더 잘해야 한다고 스스로를 닦달해요. 사람이라면 마땅히 이렇게 해야 하며, 인간이면 당연히 해야 할 도리라고 스스로가 정한 규칙과 틀에 매여 쉬지를 못합니다. 사소한 실수에도 스스로를 비난하고 깎아내리는 말을 습관적으로 내뱉죠. 자신에게도 엄격하기 때문에 아이의 부족함도 좀처럼 봐주질 못합니다.

독재자 부모

▶ 양육자나 아이가 넘어진 상황
'그러게 조심했어야지.' (후회)
'매사에 정신 똑바로 차려야 해. 앞으로 다시는 넘어지지 말아야 해.' (당위)

▶ 일상 속 갈등 상황
'남한테 피해 주면 안 돼. 신세 지면 안 돼.' (금지)
'약속은 반드시 지켜야 해.' (의무)

공감에는 적극적이지만 가르침에는 소홀한 친구 같은 부모는 어떨까요? 친구 같은 부모는 넘어진 아이에게 온

정적이고 공감적인 위로와 격려를 줍니다. 아이에 대해서는 방관자 부모나 독재자 부모보다 긍정적이지만, 자신을 향한 셀프 토크는 그만큼 긍정적이지 않습니다. 특히 대인 관계의 갈등 상황에서 친구 같은 부모는 부정적인 셀프 토크에 익숙합니다. 기분 나쁜 상황에서 '왜 저렇게 말을 하지? 내가 뭘 잘못했나?', '내가 괜한 소릴 했나 봐. 나 때문이야'라고 후회하는가 하면, 괜한 갈등을 만들까 봐 '참고 말지, 뭐 하러 말해', '내가 손해 보고 말지.'라며 삭히고 넘어갑니다. 다른 사람의 불편한 감정을 잘 이해하고 헤아려 주지만, 정작 자신의 불편한 감정은 잘 돌보지 못하는 것이지요.

친구 같은 부모

▶ 양육자 본인이 넘어진 상황
'안 넘어지게 조심했어야 하는데 부주의한 내 탓이야.' (자책)

▶ 아이가 넘어진 상황
'괜찮아. 그럴 수도 있지.' (위로)
'앞으로는 ~해 보자.' (격려)

▶ 일상 속 갈등 상황
'됐어. 참고 말지. 뭐 하러 말해. 괜한 말 꺼내서 여러 사람 불편하게 하지 말자.' (체념)

위의 세 가지 유형 모두 정도의 차이가 있지만 셀프 토크가 부정적이라는 공통점이 있습니다. 멘토 부모는 어떨까요? 내면의 대화가 긍정적입니다. 실수한 상황에서 '괜찮아. 그럴 수도 있지'라며 스스로를 위로하고 '앞으로는 ~해 보자'라는 말로 자신을 격려합니다. 멘토 부모는 자기 자신에게도 공감적이고 온정적이며 친절합니다. 본인의 마음을 돌보고 살피고 다독일 줄 알죠. 스스로에게 하는 말이 긍정적이고 너그럽기 때문에 아이에게도 괜찮다고 위로하며 실수를 배움의 기회로 삼을 수 있도록 도와줍니다.

**멘토
부모**

▶ 양육자나 아이가 넘어진 상황

'괜찮아. 넘어질 수도 있지. 다 잘될 거야.' (위로)

'넘어진다고 인생이 끝난 게 아니야. 다시 일어서면 돼. 할 수 있어.' (격려)

'일어서는 법을 배울 수 있으니 넘어지는 것도 배움의 기회야.' (긍정적 해석)

'앞으로는 ~해 보자.' (격려)

▶ 일상 속 갈등 상황

'갈등은 누구나 겪어.' (긍정적 생각)

'방법이 있을 거야.' (긍정적 생각)

유형	실수에 대한 반응	셀프 토크 특징
방관자 부모	비관, 회피 '어쩌면 좋아. 어떻게 해.'	자신에게 부정적 아이에게도 부정적
독재자 부모	의무, 당위 '실수하면 안 돼.'	자신에게 부정적 아이에게도 부정적
친구 같은 부모	자책, 후회 '나 때문이야. 그러게 ~했어야지.'	자신에게 부정적 아이에게 긍정적
멘토 부모	위로, 격려 '괜찮아. 다음에는 ~해야지.'	자신에게 긍정적 아이에게도 긍정적

알아차리는 데서 변화가 시작된다

매일 수많은 내면의 목소리를 들으며 하루를 보냅니다. 나를 위로하고 지지하고 격려하는 긍정적인 목소리도 있지만, 나를 질책하고 조롱하는 부정적인 목소리도 있습니다. 무의식적으로 떠오르는 목소리가 부정적인지 긍정적인지 구분하고 알아차리는 것이야말로 변화의 시작입니다. 타고나기를 삶에 대해 긍정적인 사람도 있고 부정적인 사람도 있습니다. 그러나 이는 평생 지속되는 고정불변의 것이 아닙니다. 부정적인 성향을 타고났더라도 셀프 토크를 바꾸는 의식적인 연습을 하면 긍정적으로 변화될 수 있습니다. 긍정적인 셀프 토크를 연습하여 습관으로 만들면 누구나 멘토 부모가 될 수 있습니다. 먼저 내 셀프 토크의 양상이 어떤지 내가 나를 관찰하고 객관적으로 들여다보아야 합니다. '내가 매사를 나쁜 쪽으로 받아들이네', '아이의 작은 실수에도 예민하고 부정적으로 반응하네' 하고 자신을 돌아볼 수 있어야 해요. 부정적인 내면의 목소리가 나올 때마다 의식적으로 긍정적인 생각과 긍정적인 말을 하려는 노력이 필요합니다. 그래야 나와 아이의 비판자가 되는 걸 멈추고 친절하고 부드러운 말을 해 줄 수 있습니다. 사소한 실수는 용서하고 털어내며 따뜻하고 다정하게 나를 보살펴 주는 것이지요. 내가 나를 따뜻하고 친절하게 대접하는 습관을 갖는 것도 연습과 노력이 필요합니다.

넘어지는 걸 긍정적으로 받아들이자

아이가 넘어질 일은 성장 과정 동안 무수히 많습니다. 학교생활과 인간관계 속에서 아이는 숱하게 넘어질 것입니다. 그때마다 부모 내면에 부정적인 속삭임이 생길 수 있어요. 꼬리에 꼬리를 물며 증폭시키는 부정적인 목소리지요. 넘어져도 오뚝이처럼 일어서는 회복탄력성 높은 아이로 키우기 위해서는, 먼저 넘어짐에 대해 긍정적인 관점을 가져야 합니다. 넘어지는 걸 긍정적으로 받아들이고 해석할 때 일어설 힘을 낼 수 있어요. 아이 역시 시련과 난관을 낙관적이고 발전적으로 바라보며 이겨 내는 부모를 보고 배워 실패를 이겨 내는 건강한 아이로 자라날 것입니다.

3부

오뚝이 육아,
실생활에서
이렇게
적용합니다

1장

내면이
단단한 아이로
키우는 법

잘못을 저지른 아이에게
"왜 그랬어?"라는 말 대신

[초1] 학교에서 아이의 문제 행동에 대해 항의 전화를 받은 상황

아이의 문제 행동에 대해 자주 항의를 듣는 상황입니다. 늦게 들어온 친구에게 '꼴찌'라고 한다든지, 숫자 틀린 거 보면 '멍청이'라고 한다든지, 친구들 노는 걸 방해한다고요. 이제는 전화벨이 울리면 겁부터 나요. '이번에는 또 무슨 일일까?' 가슴이 철렁합니다. 그런데 아이에게 왜 그랬냐고 물어보면 "안 그랬어! 걔가 나한테 욕했어!", "걔가 먼저 놀려서 나도 놀렸어."라고 답해요. 몇 번은 아이 말을 믿어 줬는데, 전부 사실이 아니었어요.

🧒 "친구한테 '꼴찌'라고 하면 돼?" (추궁)

　　"왜 그랬어?" (비난)

> "있는 그대로 얘기해. 거짓말할 생각도 하지 마." **(금지)**
> "엄마도 힘들어. 학교에서 전화 좀 안 오게 할 수 없니?" **(죄책감)**

학교나 주변 엄마들로부터 항의 전화가 오거나, 아이의 문제에 관한 이야기를 들으면 참 속상하지요. 계속해서 친구를 괴롭히고 폭언을 한다면 부모가 적극적으로 개입해서 아이의 행동 개선을 위해 노력해 나가야 합니다.

그런데 사례 속 아이는 안 그랬다고 부정하며 자기를 방어하고 있어요. 우선은 말을 안 하는 아이의 마음부터 열어야 해요.

> 😊 "오늘 학교에서 전화를 받았어. 네가 친구들한테 '꼴찌'라고, '멍청이'라고 해서 트러블이 있었다고 말씀하셨어. 엄마는 지금 걱정스럽고, 네가 왜 그랬는지 이유가 궁금해." (사실 전달)
> "네가 아무 이유 없이 친구한테 그런 말을 하지는 않았을 거야. 네게도 사정이 있었을 텐데, 네가 말을 해야 엄마도 알 수 있어." (긍정적 이해)

잘못한 걸 잘했다고 할 수는 없습니다. 하지만 아이가 문제 행동을 했다 하더라도 다그침과 추궁이 아닌 믿어 주는 말로 대화를 시도하는 건 가능합니다.

아이 잘못을 편들어 주라는 게 아닙니다. 잘못과 문제에만 주목하기보다 잘못 이면의 아이 입장과 마음을 들여다보려고 하면 아이의 닫힌 마음을 누그러뜨릴 수 있습니다. 가르침도 아이가 마음을 열어야 할 수 있으니까요.

"네 얘길 들어 보니 네가 화날 수 있겠다 싶어." (아이 감정 읽기)
"근데 화가 나도 '꼴찌', '멍청이'라고 하면 안 돼. 그런 말을 하면 친구랑 멀어질 뿐이야." (명확한 설명)
"앞으로는 네가 화난 이유를 자세히 이야기해 봐. '너희가 보드게임을 할 때 나를 안 끼워 줘서 화가 났어.'라고 말하면 돼." (해법 제시)

"괜히 그러지 않았을 거야."
"네게도 사정이 있었겠지."

오해를 이해로 바꾸는 말입니다. 아이도 누구보다 잘못된 행동을 고치고 싶을 겁니다. 마음을 이해해 주면 아이도 말문을 열 거예요.

거짓말하는 아이에게
"정직해야지!"라는 말 대신

🧒 "거짓말하면 못써! 정직해야지." **(금지)**

"엄마가 속을 거 같아? 뻔한 거짓말을 왜 해?" **(면박)**

"엄마가 거짓말하지 말라고 했어, 안 했어?" **(추궁)**

"학교에서도 이래? 선생님 앞에서도 이렇게 해?" **(증폭)**

"자꾸 거짓말하면 아무도 네 말 안 믿어 줘!" **(공포)**

"엄마는 거짓말하는 사람 제일 싫어해!" **(죄책감)**

"한 번만 더 거짓말해 봐. 진짜 혼날 줄 알아." **(경고)**

아무렇지도 않게 거짓말하는 아이를 보면 부모는 걱정이 됩니다. 그런데 어른과 아이는 거짓말을 보는 관점이 좀 다릅니다. 어른에게 거짓말은 도덕성의 단면이나, 아이들에게는 상상의 일환입니다. 아이들은 상상을 즐겨 하다 보니 이야기를 지어내는 걸 재미있어해요.

또 혼날까 봐 무서워서, 혹은 그 순간을 모면하기 위해 거짓말로 둘러대는 경우도 있어요. "숙제했어?"라고 물어보면 아직 안 했음에도 불구하고 "네."라고 답하는 거죠. "아직 안 했어요."라고 하면 왜 여태 안 했냐고 혼날 거 같고, 어차피 곧 숙제할 것이니 편한 대로 둘러대는 것입니다.

거짓말은 나쁘다, 옳지 않다는 도덕적 관점은 자기중심적 사고를 하는 아이들에게는 어렵고 잘 와닿지 않습니다. 심각하게 여기기보다 아이의 정상적 성장 과정으로 받아들이고 긍정적으로 대응하는 편이 바람직합니다.

👧 "괜찮아. 거짓말 안 하는 사람이 어디 있어. 다 거짓말하고 살지." (아이 감정 읽기)

"그런데 거짓말로 못 속이는 사람이 있어. 바로 자신이야. 거짓말하고 있다는 걸 스스로 아니까. 너를 위해서 거짓말을 줄여 봐." (가르침)

"네가 거짓말을 해도 엄마는 괜찮아." (부모 감정 말하기)

> "그런데 자주 거짓말하는 게 너한테 안 좋아. 들통날까 봐 조마조마하고 탄로 나면 창피하기도 하잖아. 그러니까 거짓말을 줄여 가 봐." (가르침)

　수치심은 사람을 가장 작게 만드는 감정이죠. 사람은 누구나 수치심을 느끼면 마음이 움츠러들어요. 아이의 자존감이 떨어집니다.

　따끔한 지적의 말은 가슴에 박혀 아이를 아프게 하지만 따뜻한 이해의 말은 가슴에 와닿아 아이를 변화시킵니다. 이해해 주고 긍정적으로 말해 주면 거짓말하는 것도 점점 줄여 갈 수 있을 것입니다.

장난감을 가져온 아이에게
"바늘 도둑이 소도둑 돼!"라는 말 대신

[7세] 아이가 친구 집에서 놀다 왔는데 점퍼 주머니 속에 친구 장난감이 있는 상황. 자초지종을 물으니 "친구가 나 가지라고 준 거야."라고 거짓말을 합니다.

"어디 남의 물건에 손을 대?" (비난)

"바늘 도둑이 소도둑 돼!" (위협)

"갖고 싶다고 하면 사 줄 텐데, 도대체 왜 그래?" (추궁)

"처음이니까 봐주지만, 또 그러면 진짜 혼나." (경고)

아이가 남의 물건에 손을 댄 걸 알면 부모로서 불안하죠. 훔친 것도 모자라 거짓말까지 하는 걸 보면 머릿속이 하얘지고, 다그치고 혼내게 되죠. 부족한 것 없이 키웠는데 왜 그럴까 고민도 되고 걱정스럽기도 합니다.

그런데 아이의 의도는 훔치려는 게 아닐 수 있습니다. 유아부터 초등 저학년까지 연령대라면 특히 그렇습니다. 이 시기 아이가 다른 사람의 물건을 가져오는 일은 드물지 않게 일어납니다. 내 것과 남의 것을 구분하는 소유의 개념이 약해서 그렇습니다.

부정적인 감정을 갖기보다 준 것과 빌린 것, 허락 없이 가져오는 것 세 가지의 차이를 구분하여 명확히 가르쳐 줄 때 아이는 배울 수 있어요.

> 👧 "장난감이 갖고 싶었구나." (감정 읽기)
> "그런데 이 장난감은 누구 거지?" (소유를 묻는 질문)
> "친구가 너에게 준 거야? 빌려준 거야? 네가 그냥 가져온 거야?"
> (상황을 묻는 질문)

첫째, 친구가 준다고 할 때

"친구가 준다고 할 때는 '괜찮아. 내가 필요한 건 엄마가 사 주시

거든:'이라고 하는 거야. 너의 필요를 채워 주는 건 엄마니까."

유아기 아이들은 친구를 사귀는 것에 미숙해서 물건으로 환심을 사려고 할 때가 있어요. 물건을 줘서 친구를 사귀는 법이 아니라 마음으로 다가가는 법을 배워야 합니다.

또 아이들은 물건의 소중함을 깊이 생각하지 않고 충동적이고 즉흥적으로 가지라고 해요. 그렇기 때문에 주고도 이내 마음이 바뀌어서 도로 내놓으라고 하는 일도 잦습니다. "싫어. 이미 네가 줬으니까 내 거야. 안 돼! 줘 놓고 왜 다시 빼앗으려고 해?"라고 반응하며 다툼으로 이어지기도 합니다. 준다고 덥석 받기보다 마음은 고맙지만 괜찮다고 사양하는 걸 가르칠 필요가 있는 거죠.

둘째, 친구가 빌려준다고 할 때

"빌려준다고 할 때는 '고마워. 잘 쓰고 돌려줄게.'라고 하는 거야. 그리고 반드시 돌려줘야 해."

빌려준다는 건 소유의 개념에 비해 훨씬 복잡합니다. 빌려준다 하더라도 소유권은 변하지 않아요. 쓰고 돌려준다는 약속이 전제되어 있고 그 약속을 지켜야 해요. 아이에게 어려울 수 있어요. 부모가 가르쳐야 합니다.

셋째, 친구의 물건을 허락 없이 가져왔을 때

"물건 주인에게 물어보지 않고 가져온 거라면 '미안해. 내가 네

허락도 없이 네 물건을 가져왔어.'라고 사과하고 돌려주는 거야."

이처럼 준다고 했을 때, 빌려준다고 했을 때, 허락 없이 가져왔을 때의 세 가지 상황을 구분하여 가르쳐 줘야 합니다.

> "너 가져. 너 줄게." → "괜찮아."
> "너한테 빌려줄게." → "고마워. 쓰고 다시 돌려줄게."
> 허락 없이 가져왔을 때 → "미안해."

심각해지기보다 소유의 개념을 명확히 가르치고 다시 돌려주는 경험을 쌓게 해 주면 유아들은 배우고 달라집니다.

약속을 어기는 아이에게
"왜 약속을 안 지켜?"라는 말 대신

유튜브, 게임 등의 미디어가 아이에게 안 좋다는 건 알지만 아예 못 하게 통제하기란 어려운 일입니다. 그래서 한계를 정해 놓고 그 안에서 허용해 주는 일이 많죠.

아이가 한계만 지킨다면 문제가 될 것도 싸울 일도 없습니다. 그런데 문제는 대부분의 아이들이 약속을 지키지 않는다는 데 있습니다. 부모로서는 참 걱정스러운 일이죠. 부모가 "왜 약속을 안 지켜?", "네가 이러니까 게임 안 시켜 주는 거야."라며 감정적인 말을 하는 것도 바로 이 때문입니다. 자, 이제부터는 부모의 마음을 지키고 아이에게 좋은 가르침을 주기 위해 다음의 세 가지를 실천해 보세요.

첫째, 시간을 예상할 수 있도록 가르쳐 줍니다. 30분을 보기로 했

다면 30분이 임박해서 "이제 끝 시간이야."라고 하기보다 미리 알려
주는 거죠.

> 🧒 "20분 봤다. 이제 10분 남았어."
> "5분 전이야. 이제 5분 뒤에 끄는 거야."

아이로 하여금 마음의 준비를 할 수 있게 돕는 겁니다. 아이들은
유튜브를 볼 때나 게임을 할 때 과몰입 상태에 있어요. 시계를 보면
서 약속 시간을 확인하지 않아요. 너무 재미있는 순간에 끄라고 하
는 일이 생깁니다. 아이가 예상하고 미리 마음의 준비를 할 수 있도
록 남은 시간을 알려 주세요.

둘째, 긍정적으로 가르칩니다.

> 🧒 "시간 다 됐어! 왜 약속을 안 지켜?" **(비난)**
> "네가 이러니까 게임 못 하게 하는 거야." **(죄책감)**
> "빨리 꺼!" **(명령)**

모두 부정적인 메시지를 줍니다. 아이가 약속을 안 지키는 상황에서도 긍정적으로 말할 수 있어요.

> 👧 "게임을 하다가 중간에 멈추는 게 쉽지는 않아. 어려운 일이야. 그래도 해 봐야지."
>
> "유튜브 한창 재미있게 보다가 끄는 거 쉽지 않아. 어려운 일이야. 그래도 해 봐야지. 자, 약속 지켜 보자."

"이제 꺼!"라는 말과 맥락은 같지만 메시지가 긍정적이에요. 아이의 어려움에 공감하고 이해해 주는 말입니다. 그런데 이렇게 말했을 때 아이가 곧장 게임을 끄면 좋겠지만 "조금만 더", "이거만", "잠깐만"이라고 대답하면 참 어렵습니다. 이때는 조율이 필요해요.

셋째, 명확한 시간으로 조율합니다. '잠깐만', '조금만 더', '이따가' 등의 시간 표현은 매우 추상적입니다. 사람에 따라 기준이 달라요. 엄마에게 잠깐은 1분일 수 있지만, 아이에게는 5분일 수 있죠. "너 잠깐 보겠다고 해 놓고 왜 여태 안 꺼?"라는 말이 나오는 이유도 그 때문입니다. 명확한 시간으로 조율하는 게 바람직합니다.

👦 "잠깐만요."

👩 "잠깐만이라고 하지 말고 시간을 정하자. 5분이면 되겠니?"

👦 "여기까지만 볼게요."

👩 "지금 보는 영상까지만이라는 거야? 몇 분 남았어?"

몇 분 남았는지 아이가 영상에서 확인할 수 있습니다. 5분 남았다면 허락해 줄 수 있고 또 협상해 나갈 수도 있겠죠. 만약 아이가 여기까지만 보겠다고 했지만, 영상이 끝날 때까지 한참 남았다면 다시 제대로 가르쳐야 합니다.

👩 "30분만 보기로 했는데 이렇게 긴 영상을 선택하면 곤란해. 중간에 끌 수밖에 없으니까. 앞으로는 정해진 시간 안에서 네가 재미있게 볼 수 있는 영상을 골라 봐."

아이가 약속된 시간을 고려해서 적합한 길이의 영상을 선택하게 하는 것도 연습이 필요합니다. 약속을 지키게 되기까지는 반복적인 연습과 훈련이 필요합니다. 처음부터 곧장 되지 않아요. 시간 약속 지키지 않고 한정 없이 게임하고 유튜브만 보려고 한다면 위의 세 가지를 적용해 보세요. 예상하게 하고, 긍정적으로 말하고, 명확한 시간으로 조율합니다.

2장

자기 감정과 행동을
조절할 줄 아는 아이로
키우는 법

지기 싫어하는 아이
속상함 스스로 달래는 법

지는 건 당연히 유쾌한 경험이 아닙니다. 하지만 유독 지는 것을 못 견디는 아이가 있죠. 보드게임에서 지면 세상이 무너지기라도 한 것처럼 서럽게 우는가 하면, 아빠와 공놀이할 때도 아빠 쪽 점수가 높아지면 곧장 그만하자고 합니다. 운동이든 달리기든 게임이든 질 것 같으면 아예 하기 싫다고 뒤로 물러서며 시도를 안 해요.

지고는 못 사는 아이, 승부욕이 강한 아이는 곧 지는 것에 취약한 아이이기도 합니다. 이기고 싶은데 뜻대로 되지 않았을 때 대처하는 마음의 구조가 없어서 그래요.

지는 게 취약한 아이에게 부모가 일부러 져 주는 건 바람직하지 않습니다. 이렇게 되면 친구들과 게임을 하는 상황에서 지는 걸 더 못 받아들일 수 있거든요. 친구들은 일부러 져 주지 않으니까요. '집에서 어른들도 내가 다 이겼는데, 어떻게 친구한테 질 수가 있지?'라는 생각에 지는 경험이 아이에게 더 힘든 게 되어 버릴 수 있어요.

> **[초1] 보드게임에서 지자 우는 상황**
>
> 👤 "이길 수도 있고, 질 수도 있는 거지, 이게 울 일이야?" (질책)
> "기껏 같이 게임해 주면 꼭 이래. 입장 바꿔서 생각해 봐. 너라면 같이 게임하고 싶겠어?" (비난)

질책과 비난도 적절하지 않습니다. 혼이 난다고 해서 아이가 배우는 건 아니거든요. 혼낼 게 아니라 아이가 자신의 속상한 마음을 받아들이고 스스로 달랠 수 있도록 가르쳐야 해요. 원하는 대로 되지 않아 속상할 때 반응할 수 있는 적절한 방식을 가르쳐 주는 것이지요.

승패는 결과고 게임의 즐거움은 과정입니다. 과정에 주목하도록 가르치는 것은 매우 중요합니다. 결과에만 몰두하면, 아무리 과정이 즐겁더라도 졌을 때 망했다고 해석해 버리거든요. 오직 이기는 것에만 매달리면 게임에서 졌을 때 자신을 한심하고 무능하게 바라보게 됩니다. 게임에서의 재미와 즐거움은 모두 헛된 것이 되고 말죠. 이기고 싶어하고 그 욕구를 추구하는 건 좋지만, 결과만이 아닌 과정에도 의미를 두어야 해요. 그래야 더 많은 즐거움과 기쁨을 누릴 수 있습니다.

[초1] 보드게임에서 지자 우는 상황

🧑 "이기고 싶었는데 져서 속상한 건 알겠어." (감정 인정)
"그런데 네가 이기기 위해서 보드게임을 하자고 한 거니? 아니면 같이 즐겁게 놀고 싶어서였던 거니? 어느 쪽이야?" (질문)

🧒 "보드게임이 재밌으니까. 즐겁게 놀고 싶어서요." (자각)

🧑 "그래, 맞아. 같이 즐거운 시간을 보내려고 한 거야. 이기기 위해서라면 보드게임을 하면 안 되지. 게임에는 운이라는 게 있어서 언제나 이길 수만은 없거든. 뜻대로 안 돼." (명확한 설명)
"승패는 결과고 즐거움은 과정이야. 결과에 얽매이면 과정이 안 보여. 보드게임을 하면서 즐거웠던 걸 떠올려 봐. 결과 때문에 속상한 마음은 과정을 떠올리면서 달랠 수 있거든." (해법 제시)

이겨도 보고 져도 보면서 승패를 자연스럽게 받아들이도록 경험시켜 주는 게 가장 좋아요. 이기는 것과 지는 것을 균형 있게 경험하다 보면 지고는 못 살던 아이도 지는 걸 편안하게 받아들일 수 있게 됩니다. 나아가 '이길 수도 있고 질 수도 있어.', '결과를 떠나 즐거웠어. 즐겁게 놀았어.' 하고 속상함을 달랠 수 있는 마음의 구조를 갖게 됩니다. 취약성을 다루고 마음 건강한 사람으로 살아가는 법은 이렇게 배우는 겁니다.

  사실 기대대로 되지 않을 때의 감정은 어른도 받아들이기 어렵습니다. 부단한 연습이 필요해요. 감정을 억압하고 억누르고 회피해서는 배울 수 없습니다. 부정적인 감정을 알아차리고 왜 그런 마음이 드는지 나에게 묻고, 이유를 알고, 그 감정을 다독이다 보면 점차 불편한 감정도 다스리는 법을 터득하게 돼요. 안 좋은 감정도 적절히 다루며 편안하게 지낼 수 있는 거죠. 여러 감정을 편견 없이 골고루 경험해 보는 건 아이의 정서 발달에 매우 중요합니다. 부모가 도와주고 가르쳐 주면 아이는 다채로운 감정과 조화롭게 지낼 수 있습니다.

툭하면 우는 아이
눈물 스스로 달래는 법

아이들은 툭하면 웁니다. 감정을 조절하는 근육이 약해서 그래요. 부정적인 감정을 해소할 수 있는 방법이 오직 눈물뿐인 것이지요. 아이가 슬픔, 분노, 서운함 등의 감정을 인식하고 조절하는 법을 배우기 위해서는 연습과 훈련이 필요합니다. 아이가 우는 상황을 감정 조절을 연습할 기회로 삼아 부모가 가르쳐 주는 게 가장 좋아요.

[7세] 속상함에 복받쳐 자초지종을 제대로 설명하지 못하는 상황

"왜 울어?" (질책)

"뭘 잘했다고 울어?" (부정적 판단)

✳
첫째, "왜 울어?"(질책의 말) 대신
감정 읽기

우는 아이에게 왜 우느냐고 묻습니다. 질문처럼 보이지만 본질은 질책입니다. 우는 아이를 책망하는 것이지요. 우는 건 혼날 일이 아니며 부모로서도 아이를 야단치고자 하는 마음은 아닐 것입니다. 그저 아이가 우는 게 불편한 것이지요. 부모의 불편한 감정을 왜 우냐는 질책과 비난조의 말로 돌려주는 것입니다.

아이는 울면서도 자신이 왜 우는지 알지 못합니다. 눈물이 나는 이유는 아이에게 물을 게 아니라 부모가 읽어 주어야 해요. 그래야 자신의 감정이 무엇인지 알 수 있습니다.

🙂 "속상해서 그래. 속상하면 눈물이 나지."
"억울한 거야. 눈물이 날 만큼 억울한 거야."
"아쉬워서 그래. 더 많이 놀고 싶었는데 자려니 아쉬운 거야."
"엄마가 진짜 몰라서 그래. 왜 우는 건지 네가 얘길 해줘."

✳
둘째, "뭘 잘했다고 울어?"(부정적 판단의 말) 대신
감정 인정

타당한 울음, 부당한 울음이 따로 있을까요? 생각은 옳고 그름을 구분할 수 있지만, 감정은 옳고 그름을 따질 수 없습니다. 뭘 잘했다고 우냐는 판단의 말은, 우는 아이로 하여금 거절감과 거부감을 느끼게 합니다. 감정에 대해서는 판단이 아닌 인정과 수용이 필요해요.

"속상한 건 알겠어."
"네 입장에서는 억울했겠다."
"아쉬운 마음 이해가 가."

✳
셋째, "뚝 그쳐!"(억압의 말) 대신
감정 해소

억누른다고 감정이 없어지지 않아요. 감정을 적절히 다루기 위해서는 자연스럽게 분출하면서 해소해 나가야 합니다. 우는 것도 하나의 방법이고요. 제일 좋은 건 어떤 이유에서 이런 감정을 느꼈는지 말로 설명하는 것입니다.

아이가 익혀야 하는 건 울지 않는 법과 울음을 멈추는 법이 아닙니다. 눈물로 슬픔과 속상함, 억울함 등 여러 감정을 털어 내는 법을 배워야 해요. 울음을 참는 법은 눈물로 감정을 해소하는 걸 배우고 나서 알아도 늦지 않습니다. 아이에게는 충분히 울면서 감정을 해소할 기회가 필요해요. 부모는 아이가 울면서 감정을 배우고 다스릴 수 있도록 기회를 주고 도와주어야 합니다.

> 😊 "실컷 울고 나서 얘기하자."
> "마음껏 울고 기분 나아지면 엄마한테 와."

넘어져도 일어서는 오뚝이 같은 아이로 키우기 위해서는 아이가 울 때 질책과 판단, 억압의 말만은 하지 말아야 해요. 아이의 눈물을 귀하게 여겨 줄 때 부정적 감정을 다루고 이겨 내며 심리적으로 성장할 수 있어요.

울면서 떼쓰거나 물건을 던지는 상황이라면

그런데 아이가 울 때는 바람직하지 않은 행동이 동반될 때가 많아요. 울면서 부모를 때리거나, 장난감을 던지거나, 문을 쾅 닫거나, 데굴데굴 구르거나 하는 식이지요. 아이가 불편한 감정을 다룰 줄 몰라서 그래요. 불편한 마음은 품을 수 있지만 그것을 행동으로 해소하려고 하면 안 된다는 걸 아이들은 알지 못해요.

첫째, 울고 떼쓰는 상황이라면 감정과 행동을 구분해야 합니다. 우는 건 괜찮지만 물건을 던지는 행동은 바로잡아야 해요. 감정은 인정하되 행동은 통제하는 것이지요.

👧 "우는 건 괜찮아. 울 수 있지. 그런데 악쓰는 건 안 돼." (감정 인정, 행동 통제)

"화가 나도 엄마를 때리는 건 안 돼." (가르침)

"아무리 속이 상해도 물건을 던지면 안 돼." (가르침)

둘째, 감정을 추스를 공간과 시간을 줍니다. 아이가 자신의 감정을 추스르고 조절할 수 있는 적절한 시간과 공간을 확보해 주는 것이지요.

😊 "네 방에 들어가서 실컷 울고 언제든 나와도 좋아. 엄마가 기다릴 게." (대안 제시)

아이가 제 발로 걸어 들어간다면 좋겠지만, 대부분의 아이들은 그렇지 않아요. 안 들어가겠다고 하죠. 뭔가 고립되는 기분이라 더욱 피하려고 합니다. 이때는 자발적으로 가지 않으면 억지로라도 들여보낼 것임을 알려 줘야 해요.

😊 "거실은 너 혼자 쓰는 공간이 아니야. 여기서 울고 악쓰면 가족들한테 방해가 돼. 네가 가지 않으면 엄마가 너를 업어서 방에 데려다줄 거야."

셋째, 울기 전과 울고 난 후의 감정 차이를 질문합니다. 자신의 감정이 전과 어떻게 다른지 아이가 구분하고 정리할 수 있는 질문이 필요합니다.

😊 "기분 좀 어때?" (질문)
"좀 괜찮아졌어? 나아졌어? 좀 풀렸니?" (질문)

"아까랑 어떻게 달라?"(질문)

부모의 질문을 통해 아이는 생각해 볼 겁니다. '아까는 화가 많이 났는데 지금은 괜찮네.' 차이를 느낄 수 있습니다. 감정은 계속되는 게 아니라 떠나가는 것이며 조절할 수 있는 것임을 배우게 됩니다. 이것이 바로 감정 조절력이 생기는 과정입니다.

감정 조절은 누가 대신해 줄 수 없습니다. 경험으로 터득해야 해요. 처음에는 어렵습니다. 시간을 주면 1시간이고 2시간이고 분을 못 삭일 수도 있어요. 그런데 횟수가 쌓일수록 점점 마음을 추스르는 시간도 줄어듭니다. 감정 조절의 근육이 단단해지는 것이지요.

눈물은 나쁜 게 아니에요. 실컷 울고 나면 해소되는 부분이 분명히 있죠. 아이에게 가르쳐야 할 것은 눈물을 멈추는 것이 아니라 눈물로 감정을 적절히 털어 내는 법입니다. 아이에게 충분히 슬퍼할 기회를 주고 감정을 추스를 시간과 공간을 확보해 주고 적절한 말로 가르쳐 주면 아이는 감정 조절력을 키워 나가게 됩니다.

한참 놀아 줬는데
더 놀아 달라고 우는 아이
불안을 스스로 달래는 법

다음은 아빠가 퇴근하고 집에 오면 아이가 자꾸만 놀자고 매달리는 상황입니다. 퇴근하고 집에 오면 아빠한테 놀자고 매달려요. 그러면 아빠는 피곤해도 아이와 놀아 주고요. 문제는 아이가 늘 더 놀고 싶어 한다는 거예요.

> **[7세] 한참 놀아 줬는데 더 놀아 주지 않는다고 불만을 토로하는 상황**
>
> 😊 "이제, 그만. 아빠 씻어야 해. 아빠도 쉬고 싶어."
> "아무리 놀아 줘도 끝이 없잖아. '열 번 하고 끝!' 하기로 했는데, 왜 약속을 안 지켜?"

퇴근 후에 피곤함에도 아이와 놀아 줬는데 기껏 놀아 주고도 좋은 소리 한마디 못 듣는다면, 아빠로서도 지치는 게 당연해요. 중요한 건 아빠와 아이의 놀이가 과정에서 즐거운 만큼 끝마무리도 좋아야 한다는 겁니다. 마무리가 좋아야 아빠도 좋은 마음으로 더 놀아 줄 수 있어요. 부모도 사람인 이상, 억지로 아이를 위해 희생해 가며 놀아 주는 걸 계속할 수는 없거든요. 그걸 아이에게 가르쳐 주세요.

"아빠랑 노는 게 너무 즐거웠구나. 더 놀고 싶은 건 알겠어." (감정 읽기)

"아빠가 다시는 안 놀아 준다는 게 아니라 오늘은 이만큼만 놀자는 거야." (한계 설정)

"아빠도 퇴근하고 쉬고 싶거든." (감정 말하기)

"'오늘 재미있었어요!'라고 하면 아빠가 힘이 나서 내일 더 놀아 줄 수 있을 거 같아." (대안 제시)

퇴근하고 나면 아빠가 피곤하다는 것, 아빠도 쉬고 싶다는 걸 아이는 모를 수 있어요. 부모 입장에서는 말 안 해도 알 법한 당연한 사실이지만 삶 속 경험의 폭이 작은 아이로서는 말하지 않으면 알 도리가 없습니다. 마음이 상해 핀잔과 비난을 돌려주기보다 부모의 입장과 마음을 말하고 불만을 스스로 달래도록 가르쳐야 해요.

아빠가 피곤하다는 걸 알면 아이도 아빠를 쉬게 해 주려고 할 거예요. 아이도 부모를 사랑하니까요. 쉬고 싶은데도 불구하고 아이와 신나게 놀아 주려고 했다는 걸 알면 아이는 '아빠가 이만큼 나를 사랑하는구나', '내가 이만큼 소중한 존재구나.' 하고 부모의 사랑을 더욱 깊이 느낄 것입니다. 더 못 놀아서 불만족스러운 마음도 사그라들 거예요.

아이의 놀이 욕구를 채워 주는 것만큼 놀이에 대한 만족감을 가르치는 것도 필요해요.

부정적인 아이가 아니라
부정적인 감정을
다룰 줄 모르는 아이다

몇 해 전 어린이날, 선물을 사러 아이들을 장난감 가게에 데리고 갔습니다. 번개같이 고르는 큰애와 달리 둘째는 한참을 못 고르고 있었어요. 공룡으로 정하긴 했는데 입에서 불빛이 나오는 것과 다리와 꼬리가 움직이는 것을 놓고 왔다 갔다 서성이며 내내 고민을 하더라고요. 장난감을 집어 들고 내려놓고를 반복하며 한참을 고민한 끝에 둘째는 불빛 나오는 공룡을 택했습니다. 그리고 계산대에서 막 계산하려는데, "다리 움직이는 게 갖고 싶었는데…"라고 하는 거예요.

"네가 불빛 나오는 걸 고른 거 아니야? 원하면 바꿔도 돼."

"아니야. 그건 입에서 불이 안 나와."

"그럼 이걸로 결정한 거야?"

"응."

그런데 주차장으로 향하는 길에 아이는 또다시 불만을 토로했습니다. 아이는 불빛 나오는 공룡을 손에 쥐고도 다리가 움직이는 공룡에 대한 아쉬움을 털어 내지 못한 것이죠. 차에 타서까지 "움직이는 공룡이 사고 싶었는데…"라고 했습니다.

자신이 골랐음에도 불만을 내비치는 아이가 저는 이해가 가지 않았어요. 내내 기다리느라 진이 빠졌고, 기껏 선물을 사 주고도 좋은 소리 한마디 못 듣는 상황에 화가 치밀었죠. 차 안에서 결국 한소리 했어요.

"네가 골랐잖아. 왜 딴소리야? 뭘 사 줘도 불만이지?"

어린날 연휴, 재량 휴업일이라 쉬던 날인데, 차라리 학교 나가는 게 낫겠다는 생각이 들 정도로 지쳤던 기억이 나요.

'얘는 왜 이렇게 부정적일까.'

'도대체 언제쯤 말이 통할 날이 올까.'

걱정스럽고 막막했습니다.

지금 돌이켜 보면 아들은 '부정적인 아이'가 아니라 '긍정적인 방향으로의 감정 전환에 어려움을 겪는 아이'였습니다. 전부의 문제가 아니라 일부의 문제이며, 야단칠 일이 아닌 가르쳐 줄 일이었는데 그때는 그걸 몰랐어요. 저 역시 감정에 미숙한 엄마였기에 아이가 감정 전환과 처리에 어려움을 겪고 있다는 사실을 제대로 인지

하지 못했어요. 감정은 지식이나 정보가 아니기에 가르칠 수 있다는 생각을 못 했고요.

감정 까막눈 엄마와 감정 문맹자 아들 사이의 오랜 감정 싸움 끝에 얻은 깨달음은 감정도 지식처럼 가르칠 수 있고 가르칠 때 배운다는 사실입니다.

비단 제 아들만이 아니라, 아이들은 누구나 부정적인 감정 처리를 어려워합니다. 어떻게 해야 할지 모르니 짜증을 내고 울고 엄마 탓을 하는 것이지요. 혼낼 게 아니라 가르쳐 주어야 해요.

👧 "둘 다 갖고 싶은데 못 사서 아쉬운 건 알겠어." (감정 읽기)
"그런데 마음에는 여러 가지가 있어. 두 개를 못 사서 아쉬운 마음도 있지만, 새로운 장난감을 사서 설레는 마음도 있어." (감정 읽기)
"아쉬움은 잘 보이지만 설렘은 잘 보이지 않아서 네가 찾아봐야 해." (명확한 설명)
"아쉬운 마음은 '잘 가!' 하고 보내 주고 기쁜 마음, 설레는 마음을 데리고 와. 이렇게 네가 네 마음을 달래 주는 거야." (해법 제시)

안 좋은 감정에 사로잡히면 그 감정이 전부인 것 같지만 그렇지 않습니다. 속상함도 아쉬움도 시간이 지나면 사라져요. 감정은 고정적이지 않고 움직이고 변화합니다. 상황 속에서 아이 감정을 소중히 여기고 그것에 공감해 주는 것만큼, 감정을 털어 내는 것도 중요해요. 부모가 가르쳐 주면 아이는 감정을 잘 떠나보내고 새로운 감정과 만나게 될 것입니다.

"엄마, 수족관 가고 싶어."

"지금 시간이 늦어서 안 되겠는데? 거기 6시에 문 닫거든. 지금 가면 곧 문 닫을 시간이야."

"아… 아쉽다. 가고 싶은데……."

"내일 가자. 내일은 학교 안 가는 날이니까 일찍 가서 오래 놀다 오자."

"좋아요! 내일 가면 더 오래 볼 수 있는 거니까 그게 더 좋은 거야."

예전 같았다면 오늘 못 가는 아쉬움을 달래는데 한참이 걸렸을 텐데, 이제는 아쉬운 마음을 잘 놓아주고 괜찮은 마음을 데려오는 것을 금세 해냅니다. 수족관에서 나오면서는 이렇게 말합니다.

"오늘 정말 재미있었어요. 더 보고 싶긴 했는데, 괜찮아요. 다음에 또 올 수 있으니까. 엄마, 다음에 또 수족관 올 거지요?"

한번 가면 나올 때마다 울상을 짓는 일이 많았거든요. 30분만 더 보자는 걸 들어주어도 나올 시간이 되면 "더 놀고 싶은데, 왜 벌써 가?"라고 하며 집으로 돌아오는 차 안에서까지 입을 삐죽였는데, 어느새 마음이 이렇게 자랐네요.

며칠 전에는 곤충 마니아인 아들이 기대하던 큰 거미를 잡았는데 그만 놓친 모양이에요. 예전이라면 "놓쳤어. 아까워. 잡았어야 했는데, 망했어."라고 하며 인상을 찌푸렸을 겁니다. "거미 잡아줘."라며 엄마 아빠를 들들 볶아 댔을지도요. 그런데 이런 말을 하더라고요.

"엄마 내가 진짜 큰 거미를 잡았어. 엄청 큰 거미였어. 근데 잡자마자 놓쳤어. 아쉽지만 그래도 괜찮아. 큰 거미를 직접 본 걸로 만족해. 큰 거미를 직접 본 걸로 나는 행운인 거야."

아이들은 감정에 취약하고, 그래서 감정적인 부분에서 자주 넘어집니다. 그때마다 부모가 매번 달래 줄 수는 없습니다. 집에서뿐만 아니라 학교에서든 어디서든 아이가 마음 상할 일은 생기기 마련이니까요.

아이가 불평불만을 늘어놓는다면 그건 아이가 부정적이라서가 아니라 감정을 모르고 그것을 다루는 법을 못 배웠기 때문입니다. 감정 인식도 감정 조절도 가르치면 배울 수 있습니다. 가르쳐 주는 사람이 있을 때 아이는 배우고, 배우면 더 이상 부정적인 감정에 머물지 않을 수 있습니다.

부모와 아이가 함께 성장해 나가는
오뚝이 육아

제 첫 SNS는 네이버 블로그였습니다. 수업 자료를 찾기 쉽도록 학년별, 과목별로 모아 두기 위함이었죠. 처음 블로그 만들 때 닉네임을 뭐라고 할지 고민했습니다. '지영샘' 하면 내가 누구인지 알 것 같았고, '윤샘'은 정이 안 갔어요. 사랑샘, 소망샘, 햇님샘, 달님샘 등은 어쩐지 안 어울렸습니다. 그때 떠오른 게 '오뚝이샘'이었습니다.

"실수할 수 있지. 모르고 그런 거잖아. 괜찮아."

"너희 이제 초등학생이야. 지금은 그냥 하기만 해. 잘하는 건 나중에 해도 안 늦어."

제가 학생들에게 자주 했던 말이거든요. 작은 성공과 안전한 실패를 경험하는 교실을 만들고 싶었습니다. 오뚝이 같은 아이로 자라기를 바라는 마음을 닉네임에 담았습니다.

그런데 아이들에게는 실수해도 괜찮다고 했지만, 정작 저 자신에게는 그 말이 잘 안 나왔어요. '나는 왜 이거밖에 안 될까?', '교사 자격, 엄마 자격이 있는 사람인가?' 하고 자책도 많이 했습니다. 일부 상황적인 실패를 존재적 문제로 증폭시키곤 했죠. 나를 향한 목소리, 셀프 토크가 부정적이었습니다. 저는 넘어져도 일어서는 오뚝이가 아닌, 실수할까 봐 전전긍긍하며 넘어지지 않으려고 안간힘을 쓰는 사람이었습니다.

올해 초 《오뚝이 육아》라는 제목으로 출간 제의를 받았을 때, 좋은 기획임에도 좀처럼 내키지를 않았습니다. 나만이 가진 육아법이나 남다른 교육 철학이 있나 고민이 됐거든요. 오뚝이샘의 육아법에 대해서는 딱히 쓸 말이 없을 것 같았습니다. 하지만 오뚝이처럼 다시 일어서는 아이로 키우는 방법에 관해서라면 하고 싶은 말이 있었기에 집필을 시작했죠.

그런데 쓰다 보니 자꾸 제 얘기가 나왔습니다. 감정 인식과 포착의 어려움부터, 부정적인 셀프 토크에서 비롯된 아이와의 부정적인 상호 작용까지 이 책에는 바로 제 얘기가 녹아 있습니다. 참다가 폭발하고 자책하는 악순환도 제 경험이고요. 공감이 감정 핑퐁이라는 내용 역시 제가 겪은 시행착오를 통해 깨달은 바를 썼습니다.

책을 쓰면서 아이만이 아니라 부모인 저 역시 마음이 단단해져 왔음을 깨달았습니다. 이제는 아이의 말과 행동 이면에 숨은 의도가 보입니다. 외식 가자고 하면 "싫어. 거긴 맛없어."라고 답할 때도, 싫다는 말 이면에 낯선 곳을 불편해하는 아이 속내가 보여요. 예전이라면 "싫다는 말이 입에 붙었어. 가 보지도 않고 네가 어떻게 알아?"라는 말이 튀어나왔을 텐데, 지금은 "처음 가 보는 곳이라 걱정돼? 가 보고 정 입맛에 안 맞으면 안 먹어도 괜찮아. 일단 가 보자."라고 합니다. 아이에게뿐만 아니라 저에게도 좋게 말해 주고 제 마음도 돌보고 있어요. 부정적인 마음의 습관은 여전히 있지만, 알아차리고 그 자리에 멈춰서 제 안의 긍정적인 마음과 생각을 찾아봅니다. 고치고 바로잡으려고 하기보다 이미 가진 것을 꺼내려고 해요.

아이를 이해하고자 애쓰는 동안 부모인 나를 알게 됐습니다. 아이의 마음을 키워 주고자 노력하는 사이, 부모인 제 마음도 건강해졌습니다. 공감과 가르침, 긍정의 오뚝이 육아의 수혜자는 아이만이 아닌 부모와 아이 모두인 셈입니다.

이 책이 부모가 자신과 자녀를 이해하고 긍정적인 마음의 습관을 갖는 데 도움이 되었으면 합니다. '육아 전문가도 다 똑같은 어려움이 있구나.'라는 공감을 통해 '나도 충분히 할 수 있겠다.'라는 의욕을 다지면 좋겠습니다. 부모와 아이가 마음을 주고받으며 함께 성장해 나가기를 바라고 응원합니다.

넘어져도 다시 일어서는 아이
자존감과 회복탄력성이 높은 아이로 키우는 엄마의 비밀

오뚝이 육아

초판 1쇄 발행 2023년 9월 10일

지은이 윤지영
펴낸이 민혜영
펴낸곳 ㈜카시오페아 출판사
주소 서울시 마포구 월드컵북로 402, 906호(상암동 KGIT센터)
전화 02-303-5580 **팩스** 02-2179-8768
홈페이지 www.cassiopeiabook.com **전자우편** editor@cassiopeiabook.com
출판등록 2012년 12월 27일 제2014-000277호

ⓒ윤지영, 2023
ISBN 979-11-6827-131-9 03590